检察官妈妈

写给女孩的安全书

穆莉萍 著

心理健康

北京理工大学出版社
BEIJING INSTITUTE OF TECHNOLOGY PRESS

版权专有　侵权必究

图书在版编目（CIP）数据

检察官妈妈写给女孩的安全书 . 心理健康 / 穆莉萍著 . -- 北京 : 北京理工大学出版社，2024.9
ISBN 978-7-5763-3974-1

Ⅰ . ①检… Ⅱ . ①穆… Ⅲ . ①女性－安全教育－青少年读物 Ⅳ . ① X956-49

中国国家版本馆 CIP 数据核字（2024）第 093124 号

责任编辑：李慧智	文案编辑：李慧智
责任校对：王雅静	责任印制：施胜娟

出版发行 / 北京理工大学出版社有限责任公司
社　　址 / 北京市丰台区四合庄路 6 号
邮　　编 / 100070
电　　话 /（010）68944451（大众售后服务热线）
　　　　　（010）68912824（大众售后服务热线）
网　　址 / http：// www.bitpress.com.cn

版 印 次 / 2024 年 9 月第 1 版第 1 次印刷
印　　刷 / 唐山富达印务有限公司
开　　本 / 710 mm×1000 mm　1/16
印　　张 / 12
字　　数 / 145 千字
定　　价 / 39.80 元

图书出现印装质量问题，请拨打售后服务热线，负责调换

愿每一位女孩都安全健康成长

青春期是美好的，安全健康地度过美好的青春期，我相信不仅仅是每个女孩的愿望，也是每个女孩父母的殷切期望。

安全对于成长的重要性我们都知道，但生活中涉及安全的因素或情形却是各种各样、纷繁复杂。当我们身处在这样的环境中时，如何判断现实是否具有危险性？如何能够尽可能有效地避免危险？如何能够尽可能有效地减少危害？如何在面临一些伤害时懂得运用有效的救助方法？

我是一名从事检察工作20多年的检察官，国家二级心理咨询师。在长期的检察办案工作中，接触到不少涉及未成年人的刑事案件，也因为检察官以及心理咨询师这两重身份，接触到许多涉及未成年人安全问题的民事、生活案例，了解到一些未成年人之所以会陷入危险，有时候是因为完全没有自我安全意识，有时候是因为安全方面的知识不足，有时候是自己把一些常识丢在脑后，有时候是因为心存侥幸……最终酿成自己不想要的后果。

安全问题在人生的每个阶段都存在，而女孩在成长过程中，除了男孩女孩共同需要掌握的一些安全防范知识之外，更需要了解和掌握一些针对女孩伤害的安全防范知识。

安全问题纷繁复杂，包罗万象，涉及面非常广，在这里我把涉及青春期成长中可能会遇到的安全健康问题重点分了五个类别：人身安全、心理健康、校园安全、社会安全、网络安全。

关于人身安全

　　人身安全涉及的情形比较多，有出门在外防盗防抢防拐卖的情况，也有专门针对女孩的一些人身伤害情形，等等。虽然有些伤害的发生概率可能并不是那么高，一旦发生，对女孩而言，就是百分之百的灾难，比如被拐卖、被传销组织非法拘禁等。还有一些人身伤害可能是我们主动进入危险环境而造成的，需要我们学习了解哪些场合、哪些情形对女孩造成人身伤害的风险特别高，从而提高我们避免风险的能力。我期待女孩看完《人身安全》分册之后能够明白，要保护好自身安全，首先是自己要做到遵纪守法，不做违法犯罪的事情，避免去一些高危场合；其次是在面对人身伤害时具有用法律武器保护自己和挽回损失的意识，并懂得有效求救的方法。

关于心理健康

　　身体健康很重要，心理健康和身体健康同样重要。我们在成长过程中会遇到各种挫折，可能是身体发育上的，可能学习上的，可能是同伴相处、家人相处方面的，也可能会是面临各种伤害、伤痛、离别、失去等等，这些必然会对我们心理健康成长造成影响。当我们懂得了一些心理学方面的正确知识，懂得照顾好自己的内心后，是可以把挫折和伤害事件变成我们成长的机会和源泉的。我期待女孩看完《心理健康》分册之后，可以收获一些心理学方面的正确知识，并在这些知识的指导下成长得更加健康和快乐。

关于校园安全

校园本来应该是一方净土，然而近年来仍有不少违法犯罪事件发生在校园，校园欺凌问题也时有发生，除了比较恶劣的肢体暴力欺凌之外，其他校园欺凌方式常常更具有隐蔽性，而这种"隐性伤害"特别是心理伤害是更加严重和深远的。另外，在校园中容易对女孩造成伤害的还有情感纠纷问题，等等。我期待女孩看完《校园安全》分册之后，除了自己不参与违法犯罪行为之外，还能够了解校园欺凌是什么，不当被欺凌者，更不做欺凌者。同时，学会如何预防发生在校园的故意伤害、意外事故伤害等。学会理性面对校园的情感纠纷，不伤害自己，不伤害他人，不被他人伤害。

关于社会安全

女孩踏入社会，因为现实的性别原因，在一些场景下，面临的伤害风险会更高，这些伤害除了会造成身体伤害，更严重的是可能会造成持久的心理伤害。不论处在什么样的生活和成长环境中，学会如何预防伤害事件的发生，特别是防范一些我们熟悉的日常场景中的伤害，应该是女孩在成长过程中的必修课。我在总结自己办理过的一些案件时，发现如果追溯到案件发生之前的某个节点，其实很多情形下都是可以避免伤害事件发生的。所以，掌握如何科学有效地预防伤害的知识，在面对伤害时，是能够更好地保护自己的。我期待女孩看完《社会安全》分册后，在针对女孩性别特殊伤害方面可以大幅提升自己的安全意识，并可以在现实社会中实现更加有效的自我保护。

关于网络安全

随着科技的发展，网络渗透到生活的方方面面，和我们生活已经密不可分，随之而来的一个社会现实就是网络诈骗以及和网络相关的各种犯罪活动呈逐年上升趋势。也就是说，女孩在成长的过程中，在这方面可能遇到的安全风险也越来越高。但在很多时候，如果我们知道了某些套路、懂得了某些心理，是可以避免这些风险的。我期待女孩看完《网络安全》分册后，在网络常识、信息安全方面可以大幅提升自己的安全意识，在遇到网络交友、网络诈骗、网络色情时可以避免或大幅降低受到伤害的风险。

在这套书中我写了许多案例，这些案例全部是我办理过或接触到的现实生活中真实发生的案例，当然这些案例都做了一些必要的处理，不会涉及侵犯隐私问题。我希望利用自己的专业知识，从这些真实发生过的案例中总结出一些建议，能真正帮助到读过这套书的每一个女孩。

世界卫生组织定义的青春期是 10～20 岁，这套书虽然是针对青春期女孩的安全问题而写，但女孩的安全绝不只是青春期才应该重视，安全教育在女孩每个人生阶段都不可忽视。感谢我的女儿在成长过程中给予我的关于女孩该如何保护自己的方方面面的反馈，也感谢其他所有给予过帮助的人！

亲爱的女孩，假如你看完书有想分享的案例或疑虑可以给我发邮件沟通（446454606@qq.com）。希望这套书可以为每一个女孩的健康成长播下一颗安全意识的种子，然后让安全意识长成参天大树，呵护女孩们健康成长！

穆莉萍

2023 年 8 月 8 日

目 录
contents

第一章
如何面对身体发育的困惑

1. 乳房发育穿束胸衣导致胸痛，该怎么办？ _ 003
2. 每次痛经都非常烦躁、易怒，有何方法缓解？ _ 009
3. 脸上长痘痘变丑后觉得不自信，怎么办？ _ 015
4. 女孩性格大大咧咧被家长批评，该怎么办？ _ 021

第二章
如何疏导学业压力

1. 如何正确面对老师的批评？ _ 031
2. 考前肚子不舒服，是胃病还是考前综合征？ _ 038
3. 一上台发言就紧张到结巴，怎么克服？ _ 046
4. 上网课学习效率低下，有什么方法改善？ _ 052

第三章
同伴关系带来的困惑如何解开

1. 和生活习惯不同的同学怎么和谐相处？_ 063

2. 转学到新学校如何交到新朋友？_ 071

3. 亲密无间才是好朋友之间的距离吗？_ 078

4. 谣言四起，被老师误会、被同学冤枉，内心委屈怎么办？_ 086

5. 如何正确面对失恋的情感悲伤？_ 093

第四章
如何和亲人更好地相处

1. 父母不在身边，感到很难过该怎么办？_ 103

2. 怎么面对父母的吵架？_ 110

3. 觉得父母偏心，看到弟弟就想发脾气，该怎么办？_ 116

4. 很讨厌过年被亲戚问考试成绩，该怎么应对？_ 123

5. 不想做"妈宝宝",该如何和妈妈相处? _ 130

6. 为了留长发的事和妈妈吵架,该怎么和她沟通呢? _ 137

怎么面对生活中的意外

1. 养了三年的宠物狗意外死了,非常难过怎么办? _ 147

2. 和最好的同学要面临分别,很难过怎么办? _ 154

3. 意外受伤,如何度过休学的一年? _ 160

4. 自从上次乘电梯发生事故后就不敢坐电梯了,怎么办? _ 166

5. 最爱自己的奶奶病逝,该怎么告别? _ 174

第一章

如何面对身体发育的困惑

乳房发育穿束胸衣导致胸痛，该怎么办？

女孩的小心思

我小学四年级开始长高，身高比班上其他同学都高了，胸部也开始发育，妈妈给我买了青春期文胸，说女孩子发育要穿青春期文胸。

但我觉得很害羞，班上其他女同学好像都还没有谁穿文胸，有时候还感觉到有男同学会偷偷看我的胸部，慢慢自己开始驼背含胸。

后来上网看到有一种束胸衣，穿上可以让胸部看起来平一点、小一点，于是我上网买了一件，穿上有点紧但束胸效果还不错，穿起衣服后胸部看起来好像是平了许多。我这段时间都穿束胸衣，不过穿了一段时间后，开始觉得胸部有点痛，该怎么办？

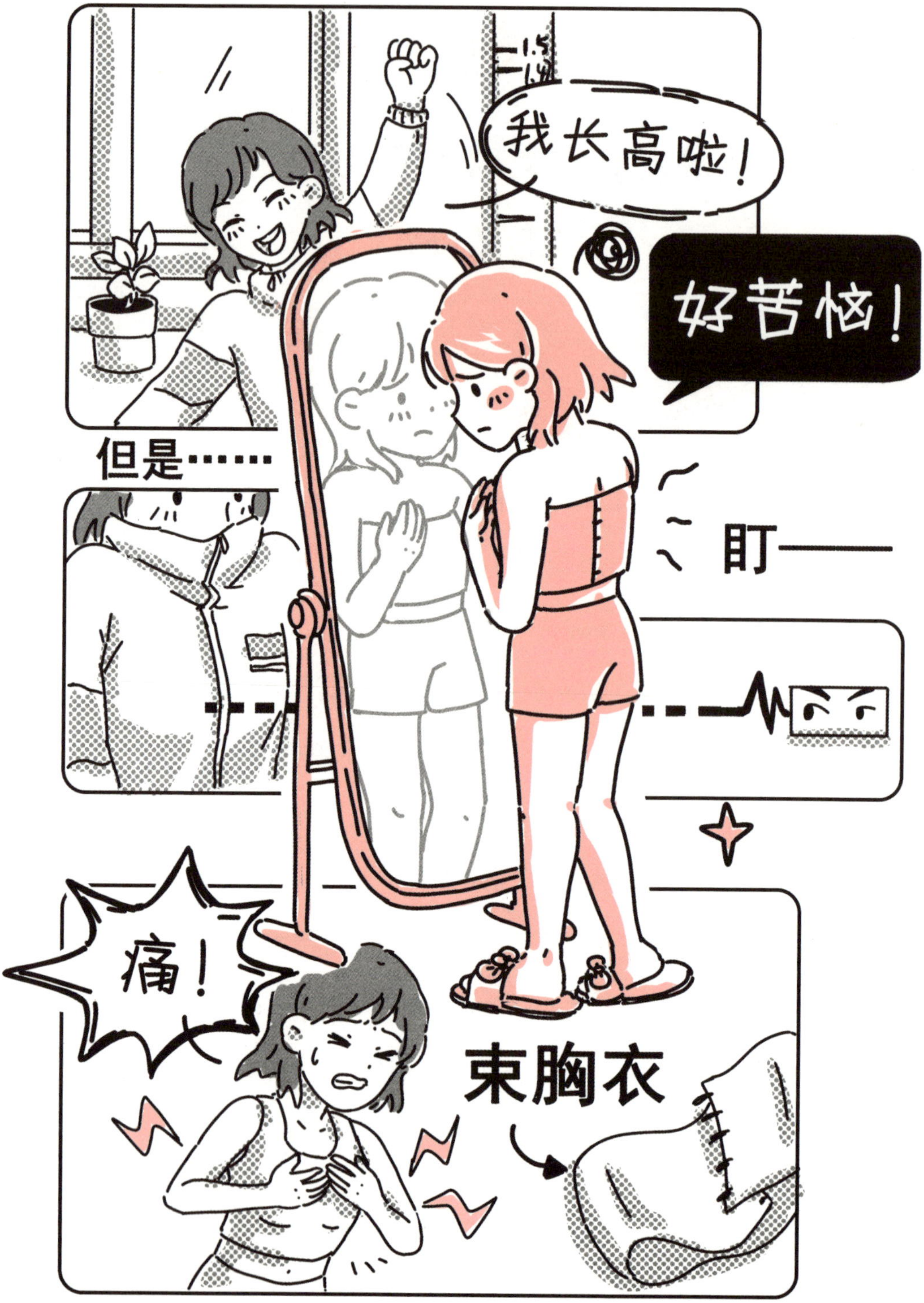

检察官妈妈写给女孩的安全书
心理健康

第一章　如何面对身体发育的困惑

　　世界卫生组织把人的 10～20 岁这个阶段定义为"青春期"，是每个人都会经历的一个阶段。对女孩来说，这是从孩子长大成人的一个过程，这个过程我们会迎来身体的许多变化。

　　作为女性，除了我们的身高快速长高之外，区别于男性的一个特别重要的特征就是乳房的发育。而乳房发育的情况因个体不同会存在比较大的差异，早的可能 10 岁就开始了，迟的则可能在 12 岁左右开始，发育的大小也差异较大。

　　假如你是属于胸部发育比较早的女孩，受到的困扰可能会更多一点，非常理解你不想因为乳房发育而被关注的心理。但我们可以尝试了解一下，有些关注可能是作为女生和男生发育过程中的正常现象呢。

　　进入青春期，因为身体产生变化，女生有困惑，男生也会有困惑。当男孩对某个同学的身体变化感到好奇，会不自觉偷偷看一下，也属于人之常情。只要男生没有做出其他过分的行为，我们完全可以当作没看到。

　　胸部属于隐私部位，会随着女孩年龄增长而发育，一直会发育到 20 岁左右。

胸部自然发育长大,是每一个女性成长的自然现象,我们需要做的是呵护身体的健康,也包括乳房的健康。用束胸衣把胸绑起来强行挤压胸部,危害多多。

我们要做的只有一件事——接纳!接纳身体的开始变化,尽可能呵护自己的健康。

> 那我们应该怎么做呢?

检察官妈妈的建议

第一，我们要了解长时间穿束胸衣对身体有哪些危害。

束胸衣压迫乳房，妨碍皮肤呼吸，使血液循环不畅，会引起乳房下部血液瘀滞而引起疼痛、乳房胀痛等不适，这也是你穿束胸衣一段时间后觉得乳房疼痛的原因。严重的话，长期穿束胸衣还会压迫内脏，影响血液循环，甚至影响到胸廓和心肺发育。青春期正是乳房发育成长的阶段，束胸衣压迫乳房乳腺，还会造成乳房下垂、乳头内陷，影响其正常长大，导致乳腺腺泡发育受阻，影响成年后女性哺乳的功能。

第二，假如乳房已经开始有疼痛症状，需要把束胸衣马上换掉。 选择透气、舒适的发育文胸，对于已经造成的疼痛也不能忽视，有必要告诉父母，让父母带我们去看看医生，找出疼痛的具体原因，然后听从医生的建议，越早越好。

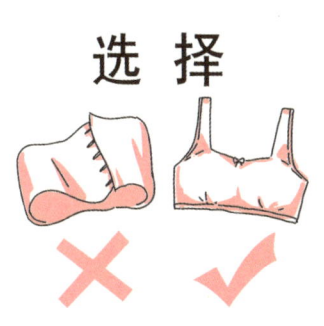

第三，了解青春期我们身体的变化。

作为女性，要坦然接纳我们身体的变化。身体变化是一个过程，随着年纪增长不断有新的变化。我们需要提前学习一些性生理卫生知识，学习科学的性知识,接受健康积极的性教育。关于性生理卫生知识的学习,我们可以看一些性教育的绘本、书籍等,也可以请教家里女性亲人,比如妈妈、姐姐等。她们已经经历过身体的成长变化,比我们更有知识和经验,可以更好地呵护我们的健康。

知识改变认知,认知改变行为。相信你了解这些知识之后,对胸部发育的困扰以及是否还需要穿束胸衣,会有自己的答案。

每次痛经都非常烦躁、易怒，有何方法缓解？

女孩的小心思

我从12岁开始来月经就有痛经的现象，持续了四五年，一直没有什么特别改善。每次痛经，妈妈都让我忍一忍，说："谁让你是女孩子，只好遭罪，没办法。"让我用暖宝宝贴一下或者喝点红糖水，减轻一下疼痛感。

虽然我不赞同妈妈的说法，讨厌"女孩子就要遭罪"这句话，但每个月到来的痛经又让我很无奈，经前几天就开始烦躁，妈妈每次让我忍一忍的时候，我都忍不住要发火。发火的时候，连家里的小弟都会特别小心翼翼地和我说话。

在学校和同学相处，我也会控制不住发脾气，事后又有点后悔，觉得自己不应该，为此和同学关系也处得不怎么好。

难道真像妈妈所说的那样"生为女孩就该遭罪"吗？

第一章 如何面对身体发育的困惑

亲爱的女孩，男性和女性的身体构造天生不同，最大的不同就在于性生殖器官，不同的性生殖器官可能产生属于各自性别属性的生理不适现象：男性有睾丸疝气，女性有痛经。生理疼痛是女性才可能存在的一种不适生理现象，就如同睾丸疝气是男性才可能存在的一种不适生理现象一样。这种不适虽然有性别属性，但不是每个男性或每个女性都会有这样的生理不适现象。

所以，"生为女孩就该遭罪"这样的说法是错误的。性别不是疼痛产生的直接原因，个体身体上的差异才是，而且其中的原因是复杂多样的。

不同女孩存在痛经现象的原因可能是不同的，从常规基础科普知识就可以得知，有原发性痛经和继发性痛经的区别，这还不算每个个体具体生理上的原因差异。

女孩爱自己的第一个重要信念就是接纳自己，欣然接受自己的女性特质，找到正确面对身体和心理不适的方法。

当我们面临这种生理疼痛现象，应该尝试去了解这种疼痛现象产生的原因，寻找科学有效的方法缓解疼痛，而不是把生理疼痛直接归因于性别的原因。

另外一个需要了解的是女性生理周期因身体激素等内在变化会导致一些情绪变化，称"经前期综合征"（PMS），是指女性来月经前出现的一系列生理和情绪方面的不适症状，和疾病无关，月经结束后会自行恢复正常，但症状严重时会影响正常生活。

经前期综合征的确切病因不明，目前的研究认为，其症状和人的精神状态、身体的卵巢激素失调和神经递质异常等有关联。当我们精神压力增大时，加上来月经前身体激素波动，影响到大脑神经递质的波动，最后影响到我们的情绪。

我们只有对身体的构造以及个体生理疼痛差异有一个相对科学的了解，才能更好地找到正确有效的途径缓解身体和心理上的不适。

那我们应该怎么做呢？

检察官妈妈的建议

女性生理疼痛成因复杂，不同女性的精神因素、身体素质等各不相同，疼痛会影响到正常生活，消极"忍一忍"只能是让我们的不良情绪更多，生活其他方面也会出现连锁不良反应，比如因发脾气影响到人际关系。因此，我们需要积极采取多种方式来改善，而不是"忍一忍"。

第一，我们需要去医院做一个比较详细的检查，排除一些器质性的病变原因。当我们身体感受到疼痛时，没有人会是欢喜的，人人都不希望自己身体疼痛。同时，疼痛又是一种身体感受，疼痛的强弱程度是和我们心理上的认知和承受程度息息相关的。排除器质性的病变原因，最起码可以先消除我们因为疼痛而产生的焦虑和恐惧情绪，降低我们对疼痛的敏感度。

第二，在医生的指导下使用一些可以缓解疼痛的药物，切实缓解身体疼痛感。这里可以根据自己的实际情况选择

药物治疗和中医治疗。经前综合征还有一个是精神上、心理上的困扰，在出现抑郁、易怒、感觉无助、容易疲劳、焦虑、睡眠障碍，甚至于注意力不集中、兴趣下降、学习效率下降等情况时，我们还需要寻求心理医生的帮助。

第三，增加有规律的运动，调整生活方式，改善睡眠，补充必要的营养，全面调整身体状态。 对自己每个月的周期做一些记录，了解自己的身体变化规律，对即将可能会出现的情绪状态有一个预计，然后有针对性地采取一些简单的方式方法来改善。比如当某件事情或者某个人的某句话触怒自己，想发脾气时，提醒自己深呼吸几次，慢慢平静一下，可以减少易怒的情形。了解自己的身体规律，接纳身体和心理可能会出现变化的情形，然后再使用转移注意力的方式改善。

第四，积极改善自己的人际关系。 在对自己身体规律有了解的情况下，对于自己容易发脾气的那几天提前向身边的亲人和同学打声招呼，告诉他们自己生理周期因为身体激素变化和疼痛，有时候会控制不住发脾气，并不是针对对方或对对方有意见，希望对方谅解一下，自己发脾气是自身的原因，自己过了这几天就会好的。事后我们也可以向承受我们脾气的人道个歉。和谐的人际关系可以有效改善我们的负面心理情绪，也可以帮助我们面对不适。

脸上长痘痘变丑后觉得不自信，怎么办？

女孩的小心思

升入初中后，我开始长痘痘了，开始只是零星几颗，慢慢脸上、额头、鼻子、下巴都长了痘痘，试过不同消痘痘的化妆品，但基本上没啥用。这边痘痘刚刚好了点，那边又长起来，此起彼伏，我的日子就是"战痘不止"的日子。

有一次班级需要表演集体合唱节目，排练时，领唱的同学安排我在最后一排，我觉得她是嫌弃我脸上长满痘痘，故意让我站在最后一排。

我讨厌痘痘，讨厌自己，排练完后回到家，我家猫咪过来抓我的鞋，我忍不住把猫都踢走了。

真烦，我该怎么办？

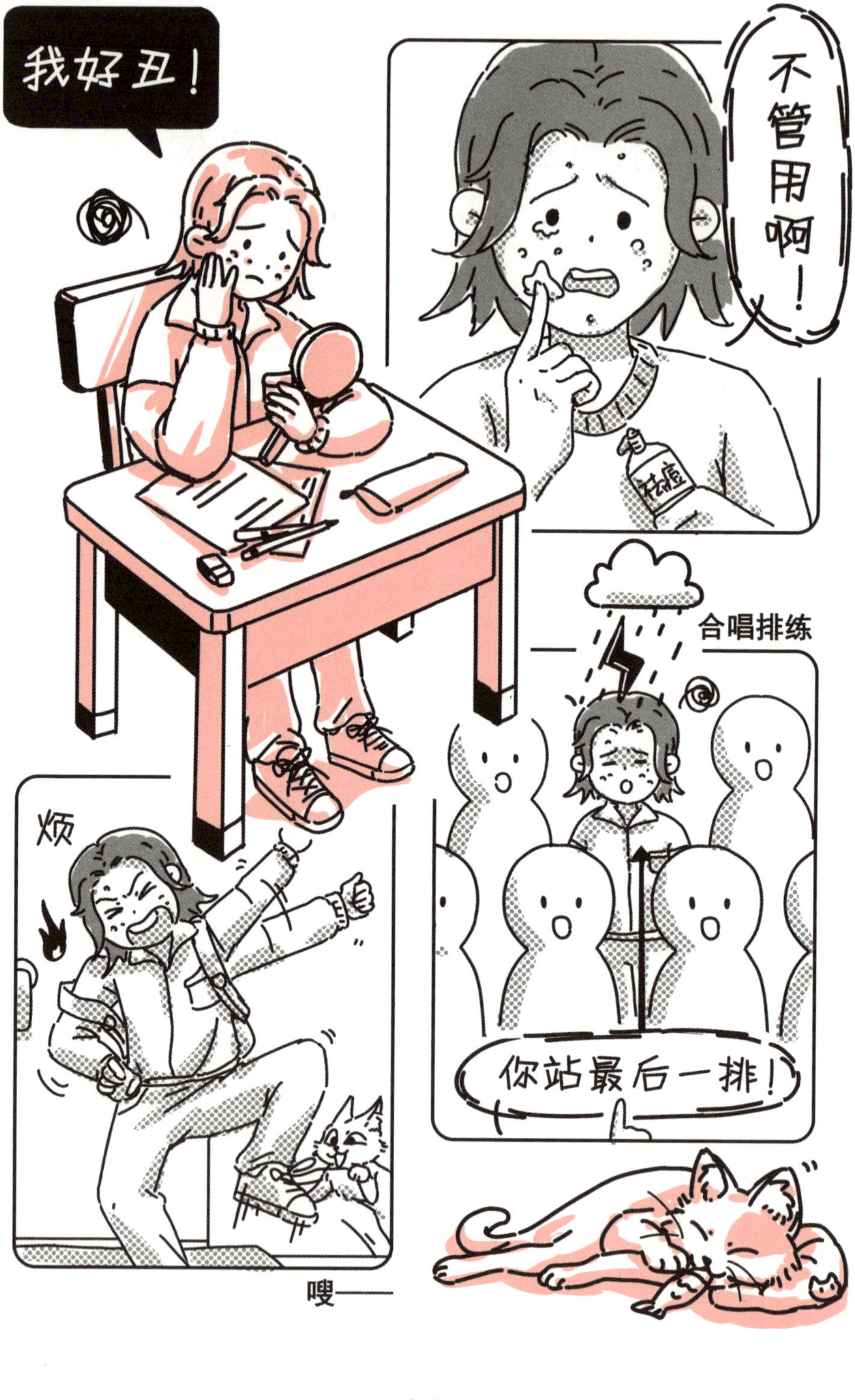

检察官妈妈写给女孩的安全书
心理健康

当我们觉得自己脸上长东西影响了美观时,就会感觉到其他人对我们不友善,这个"不友善"到底是真实的还是我们主观上的认为?

亲爱的女孩,我先讲一个心理学实验吧,这个实验叫作"伤痕实验"。实验大概过程是:实验人员向志愿者讲述,该实验是为了观察人们对身体特别是容貌有缺陷或者有伤痕的陌生人会有什么样的反应。之后,志愿者被安排在一个没有镜子的房间,由技术高超的化妆师在面部画出能够以假乱真的伤痕后,允许志愿者用一面小镜子看看化妆后的效果,随之镜子被拿走。

关键一步,告诉志愿者,化妆师要使用特殊手巾帮助志愿者定型妆容以防止妆容被擦掉,实际上是化妆师用卸妆巾把志愿者脸上的伤痕妆偷偷擦掉了。

之后,毫不知情的志愿者被安排到各个医院和公共场合,他们的任务就是观察人们对其面部伤痕的反应。

最后,志愿者无一例外地叙述了相同的感受,感觉人们看到他们的眼神比平时明显的不友好,对待他们的态度更加粗鲁无礼,并且觉得大多数人都在盯着自己看,更多感受到被嫌弃。实验最后,实验人员让志愿者照镜子看,实际上他们的脸和平时一样。

这是一个发人深思的实验,原来一个人内心怎样看待自己,在外界就能感受到怎样的眼光,是我们错误的自我认知影响了我们的判断。

当你觉得自己遭受到不友好的、恶意的对待时,心情自然会觉得难过、生气甚至愤怒,而愤怒不但影响到我们的心情,更影响到我们的行为。这个时候,亲爱的女孩,你需要考虑一下,你觉得自己因脸上长满痘痘受到同学嫌弃你,是真实的吗?有多少其实只是我们内心观点(我们觉得别人取笑自己、嫌弃自己)的一种投射,事实并非如此?

当你生气、难过回到家,家里的宠物猫咪仍旧像往常一样过来抓你的鞋,但这个时候你会觉得烦,一脚踢过去。这么一个愤怒情绪转移的过程其实也是呈现了我们日常生活中的另外一个心理现象——"踢猫效应"。

"踢猫效应"来自一个经典的小故事:一个中年男人在公司遭到老板的斥责,回到家后把正在玩耍的孩子骂了一顿。孩子觉得自己很委屈、难过,然后对着休息的猫咪一顿拳打脚踢。猫咪受到惊吓,逃窜到街上,此时突然开过一辆卡车,司机紧急躲避却撞伤了行人。

踢猫效应是指人们对比自己弱小或者地位低于自己的对象发泄不满情绪而产生的一种基于不良情绪传染所导致的恶性循环。

当人的情绪受到环境以及一些偶然因素的影响而变得很糟糕时,情绪本能就会促使我们有攻击行为,把愤怒、生气等情绪传递出去。

那破解恶性循环有什么方法呢?

| 第一章 | 如何面对身体发育的困惑

检察官妈妈的建议

首先，我们需要从认知上做出改变。内在激素旺盛分泌促使我们身体长高，也带来了青春期常见到的一个现象——青春痘。我们内心可能也会说"我只要青春，不要痘"，可这是我们成长的一部分。

青春期我们会越来越关注自己容貌的变化，看镜子的时间也会更长一些，我们担心自己被人刻意关注，又担心没人看到自己，这些只是我们的内心戏。不过当我们把内心戏投射到其他人身上，再来猜测别人对我们容貌会在乎多少，然后又推测出别人对我们有多少恶意，再来生活中证实这些恶性的行为有多少。不妨思考一下：有多少认知是我们自己的偏见思维导致的，而和他人无关？

其次，寻找适合自己的药物和化妆品。对于因激素过剩而长出了满脸痘痘，或许没有影响到他人的心情和看法，但影响到了我们自己的心情。过于严重的痘痘应该咨询医生，尽可能不花冤枉钱。另外，要坚持运动。运动是调解我们身体机能最好的方式，运动可以改善睡眠，睡眠改善皮肤，这可是爱美女士的不二法宝。

其三，找朋友或者其他可信的人倾诉一下，把自己的烦恼讲出来。烦恼只要讲出来，即使没有解决，烦躁的情绪也会减轻一些，待冷静下来再寻找好的途径就容易多了。

其四，觉察自己的愤怒情绪，找到合理宣泄的方式。我们可以先不去纠结他人是否对我们有不友善、恶意的表示。当负面情绪袭来时，尝试先做三个深呼吸，让自己先冷静下来，这个时候再来寻找合适的宣泄途径。所谓"合适"的宣泄途径，就是保障我们的愤怒和生气宣泄时不伤害到他人。比如去一

个无人的地方大喊一嗓子；或者写下自己心中所有的委屈，然后把它烧掉或者撕碎；又或者对枕头、玩偶之类狠狠打几拳等，都是可以的。

女孩性格大大咧咧被家长批评，该怎么办？

女孩的小心思

小学阶段我一直喜欢跑跑跳跳，喜欢和男孩子一起玩，就是看不惯女孩娇滴滴和扭扭捏捏的样子。

后来在小区一起玩的小伙伴慢慢长大，特别是身体开始发育之后，其他女孩都不怎么和男孩子一起玩了，只剩下我还是觉得和男孩子一起玩比较开心。

经常和男孩一起跑步，一起打篮球，但是妈妈总是说我一点女孩子样子都没有，有时候被妈妈说得恼火后，就直接怼回去说，"那我长大后去变性好了"。越来越觉得要是个男孩就好了，能够自由自在和伙伴们一起打篮球一起玩。

我很疑惑，为什么大人眼里女孩就要有女孩的样子呢？性别又不是我选的！假如可以选，按现在的情况我就选男孩好了，这可真让人郁闷。

我们对男女性别认知是分多个层面的，有生理性别、心理性别以及社会性别之分。

对于生理性别相信大家都非常容易理解，就是我们生物属性的性别，性别基因是XX的为女性，性别基因是XY的为男性，这个从我们是一个受精卵的时候已经决定了，在我们一出生就知道了的。

心理性别是我们在成长过程中，由外界环境、父母教化，逐步让我们认识到的性别，由外部的信息结合对自己身体的认识，从0～3岁逐步形成的稳定的心理上确认的性别。

社会性别是指社会外部环境把对性别角色的认识和期待归类为男性或女性，对男孩和女孩的行为品质、性格等许多方面有不同的要求。比如我们常说的男孩样子、女孩样子，其实指的就是性格特征，调皮、好动、阳光、坚强等性格特征会被习惯性归类为男孩样子；斯文、安静、温柔、贤惠等性格特征被习惯性归类为女孩样子，这些对男女大体归类的性别认知就是社会性别。当一个人对自己的生物性别、心理性别、社会性别认知出现强烈冲突的时候，就会出现心理或情绪上的问题。

你的困扰在于你性格上比较大大咧咧，精力充沛爱运动，契合社会性别中大多数人对男孩性格归类的判断，不符合社会性别中大多数人对女孩性格归类的期待。对于这种情况，大多数人也包括你妈妈都是这样认识的，所以她才会对你说出"没有一点女孩子的样子"这样的话，但实际上属于一种性别认知偏见。

这句话后面的逻辑认知是，"你作为女性应该表现出社会性别中关于女孩性格特征的样子"，而不是否定你作为女性的生物和心理上的性别认知。

当我们理清楚关于性别多个层面的认知之后，才能分析我们遇到困境的问题出在哪里，解决的出路又在哪里。

| 第一章 | 如何面对身体发育的困惑

检察官妈妈的建议

第一，我们绝大部分的人对生理性别和心理性别认知的统一性一般不会出现什么问题，只有极少数个体会强烈地把自己认同为相反性别的一员。由于生理性别和他们所想的、所感受到的性别并不匹配，所以他们感到痛苦。

这种心理上的痛苦被描述为性别烦躁，在《精神障碍诊断与统计手册（第五版）》（DSM-5）中是专属的一章内容，主要分儿童性别烦躁、青少年和成人的性别烦躁。这种情形必须要有专业的心理评估和治疗，特别是对于未成年人来说，更加要注意不可随便自行用药或做手术，擅自用药或做手术风险非常高。这是我们需要明白的第一点。

第二，修正偏差认知，坦然接受自己。

女孩被称为"假小子"，这种性别困扰是我们生活中比较常见的。当女孩表现为"假小子"的行为特征不被接纳时，我们才会产生讨厌自己的女性性别的想法。

实际上我们直接把不被接纳的行为特征

归因为女性性别的原因，从而讨厌自己的女性性别，这是一种有偏差的认知。

只有当我们的行为表现在一定场合下不太妥当，妨碍和伤害到他人时，才需要做出调整。比如在野外玩泥沙这件事，男孩和女孩都可以尽兴玩耍，可以调皮但不可以捣蛋，不论是男孩还是女孩，用泥沙捣蛋，这种容易妨碍和伤害到他人的行为都是不允许的，都需要做出调整。

第三，社会性别赋予男孩和女孩不同的期待，美好的性格品质男孩和女孩都可以具备，女孩也应该积极追求契合内心的美好品质。举个例子，我们形容性格的词语有坚强、阳光、靠谱、文静、温柔、体贴等，假如我们把这些词用来形容男性和女性，大多数人会把"坚强、阳光、靠谱"和男性联系起来，把"文静、温柔、体贴"和女性联系起来，而事实上，男性也可以是"文静、温柔、体贴"，女性也可以是"坚强、阳光、靠谱"。

亲爱的女孩，喜欢打篮球、跑步等比较激烈的运动是我们的爱好，只要我们的爱好没有妨碍和伤害到他人，都应该被尊重。性格上的大大咧咧、不喜欢娇气和扭扭捏捏只是我们的一个特征，并不涉及性别认知

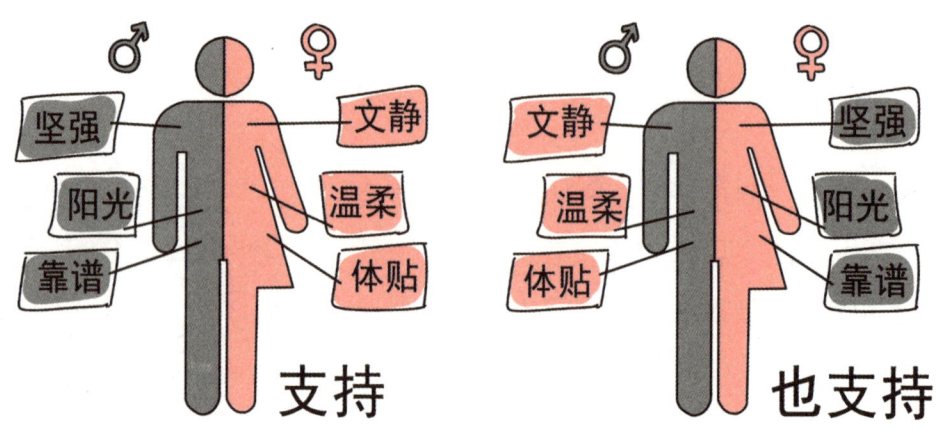

的问题，也不需要把"娇气和扭扭捏捏"归类为女孩子特有，其实男性也存在娇气和扭扭捏捏的情形，不喜欢这种情形只是我们的个人选择和偏好而已，只有当我们的行为妨碍或伤害了他人时，才是需要调整和修正的。

第二章

如何疏导学业压力

如何正确面对老师的批评？

女孩的小心思

在英语课上，坐后边的两个同学在嘀嘀咕咕找东西，然后其中一个同学敲我的座椅问我，我扭过头回了她一句话，刚好被老师发现，老师没有批评我后面的同学，却点名批评了我，这让我觉得很气愤，真不公平！

第二天我忘了带英语作业回学校，本来班上还有两个同学也忘了带作业本，但下课后他们去参加排球比赛了。老师见我在教室，又批评了我，并让我通知其他两个同学明天要记得带作业本来。

过了一个星期英语考试，我的成绩退步了，老师再次批评了我。唉，总是被英语老师批评，觉得老师不喜欢我，上英语课，有时候会走神，不敢看老师。

一段时间之后，我的英语成绩落后了不少。妈妈对我英语成绩退步很着急。其实我也着急，也希望把英语课学好，但上英语课时望着老师就觉得老师不喜欢我，总是无法集中精神来听课，该怎么办？

检察官妈妈写给女孩的安全书
心理健康

亲爱的女孩，因为一些原因你受到老师的三次批评，觉得老师不喜欢自己了，所以你无法专心听老师讲课，成绩下降。但是你心底还是期望成绩好，希望自己上课可以认真听讲，也希望自己可以得到老师的表扬。那我们该如何破解困局呢？

首先我们简单了解一下认知、情绪、行为这三者之间的关系，看看它们是怎么互相影响我们的日常生活的。

举个例子：佳佳是一位妈妈，带着孩子去医院看病，医院很多人，她带着孩子在排队。突然有个年轻人急匆匆跑过来，把佳佳的孩子给绊倒了，但这个年轻人连头都没回就顺着医院走廊跑得不见人影了。佳佳很生气，大家在排队走动井然有序，这个人在医院人多地方急匆匆跑动，还绊倒小孩，而且连道歉都不说就跑掉了。这人真是太没素质了，太没礼貌了！然后佳佳一边嘟嘟囔囔骂刚才那个年轻人一边安慰孩子。

过了一会儿，佳佳顺着走廊去上厕所，看到有个病房的门打开，里面正是那个年轻人，一看到这个人佳佳就上火，刚想进去批评一下那个年轻人，看到了另外一个情景。

这个年轻人正跪在病床前痛哭着说："妈，对不起，我来晚了。"

这时佳佳明白，原来刚才这个年轻人这么急匆匆撞到人都没停下来，是为了和即将离世的母亲告别。

佳佳看到这个情景之后，放弃了要骂那个年轻人的想法，心里生气、愤怒的情绪也平息了，悄悄退出了病房。

在这个例子中，我们可以看到，同样还是佳佳的孩子被绊倒这件事情，之前佳佳的情绪是生气和愤怒的，因为她有个认知是在医院这样的场合不应该急匆匆跑，绊倒人应该道歉，不然这人就是没有素质、没礼貌的，所以她表现出的行为是嘟嘟囔囔骂人，并且准备直接去骂那个年轻人。

但之后因为她有了新认知，这个年轻人为了和即将离世妈妈告别，在这种紧急情况下，他撞到人是可以原谅的，佳佳不再认为这个年轻人是一个没有素质、没礼貌的人了，反倒认为他是一个孝顺的人。佳佳的情绪改变了，原来的愤怒和生气变成了理解和平和，所以佳佳不再想要骂他一顿，而是选择了悄悄地退出病房。

在这个例子中，佳佳的孩子被绊倒的事情没有变，但佳佳对事情的看法（认知）改变了，所以她的情绪改变了，最后行为也改变了。这就是"认知、情绪、行为"三者之间的关系。

行为受情绪的影响而做出，而情绪又是基于认知产生的。对于行为的调整，只能是通过改变认知来改变情绪，当情绪变化了，然后才能改变行为。

亲爱的女孩，当你受到老师批评时，情绪会有什么变化？这些变化的情绪后面的认知是怎么产生的？我们又该如何通过改变认知来影响情绪，最后改变行为呢？

检察官妈妈的建议

首先，觉察一下自己受到批评后是什么样的一种情绪？假如说不上来，起码我们可以知道自己是不开心的。没有人会喜欢被批评，被批评后人人都会觉得不开心，没有人在被批评的时候第一反应是心情愉悦的，所以完全不用内疚。正因为这是人人都会有的情绪，所以解决的途径肯定也不会少。

其次，"不开心"是一种综合的负面情绪，尝试找出"不开心"背后的情绪。里面可能会有生气、愤怒、沮丧、伤心、内疚等，还可能会觉得委屈或者不公平等，我们可以细细回想一下自己"不开心"的感受里面有多少不同的情绪。假如我们不能理清楚自己的情绪，在这些混合的负面情绪支配之下，就

会下意识指向对我们进行批评的人,而不是事情——这人讨厌我,这人不喜欢我。

但事实上,老师批评一个人存在多种原因,比如责任心、生气、大爱、愤怒、挽救等,我们需要重新去认识。

再次,我们来具体分析一下你三次被批评的情况。第一次被批评,上英语课你回复后面同学的话,课堂纪律上课不准讲话,这是大家都认可的。但问题是同学先讲话问你,而老师只看到你讲话也只批评了你,这让你觉得不公平。觉得不公平和觉得老师不喜欢自己,是怎么联系在一起的呢?关键一点,就在于老师当时确实只是看到你回头讲话,而没有看到(听到)后排同学向你提问题。因此,需要我们重新思考,重新定义。

第二次被批评,原因是你忘了带作业本,其他两个同学也忘了,老师看到你在教室批评一句,然后交代你告诉另外两个同学记得带作业,觉得运气不太好和觉得老师不喜欢自己又是如何联系在一起的呢?也需要重新思考和定义。

第三次被批评,原因是你的考试成绩退步了,老师批评了你。你觉得伤心,因为成绩退步了你内心也不愿意,那和觉得老师不喜欢你又是如何联系在一起的?更需要重新思考和定义。

老师是在什么情况下批评自己的?是出于什么心思而批评自己的?批评的目的是什么?重新思考重新定义,我们就会有不同的看法和认知。

当我们重新定义了老师的批评是因为误会,是因为重视和责任感,是希望学生遵守纪律、成绩进步,就会以新的善意去解读,从而替代原来"老师不喜欢我"这个想法。自己可以闭上眼睛感受一下:有了不同的认知后,自己的心情有何变化?原来的讨厌是不是变成了期待?

最后,我们还可以利用这件事,事后找到老师重新沟通一次。和老师再沟通可以拉近彼此的距离,主动积极的行为会让老师增加对学生的好感,也会让老师体会到自己的价值,师生关系也会更加和谐。

考前肚子不舒服，是胃病还是考前综合征？

女孩的小心思

从小到大，爸妈常常叮嘱我要好好学习，考上好大学以后才能找个好工作，不然以后就惨啦。我就是这样在被吓唬中长大的。

小学、初中我成绩都不错，爸妈偶尔啰唆几句但也没怎么管过我，不过上了高中之后，开始感到学习吃力，特别是数学有时候老师讲得太快听不懂，作业很多要花很多时间，旧的知识还没消化，又要听新课，上课也会很烦，烦起来就更加听不进去。

每次考试都担心考不好，有一次考试考砸的原因连我自己都费解，不知道是怎么啦，原本是会做并且是练习过的题目，在考试时竟然不知道怎么就做错了，扣分扣得很冤枉。想想可能是考试的时候肚子疼，导致我把曾经做过的会做的题都做错了。

自此之后，不知道为什么考试前都会觉得肚子疼，精神不好，连平时会做的题在考试时候都会蒙圈，成绩大幅下降。老师对我说不要太紧张，爸妈帮我买了胃药，但不管用。

我很着急，但考试时真的肚子会疼，不知道是怎么回事。

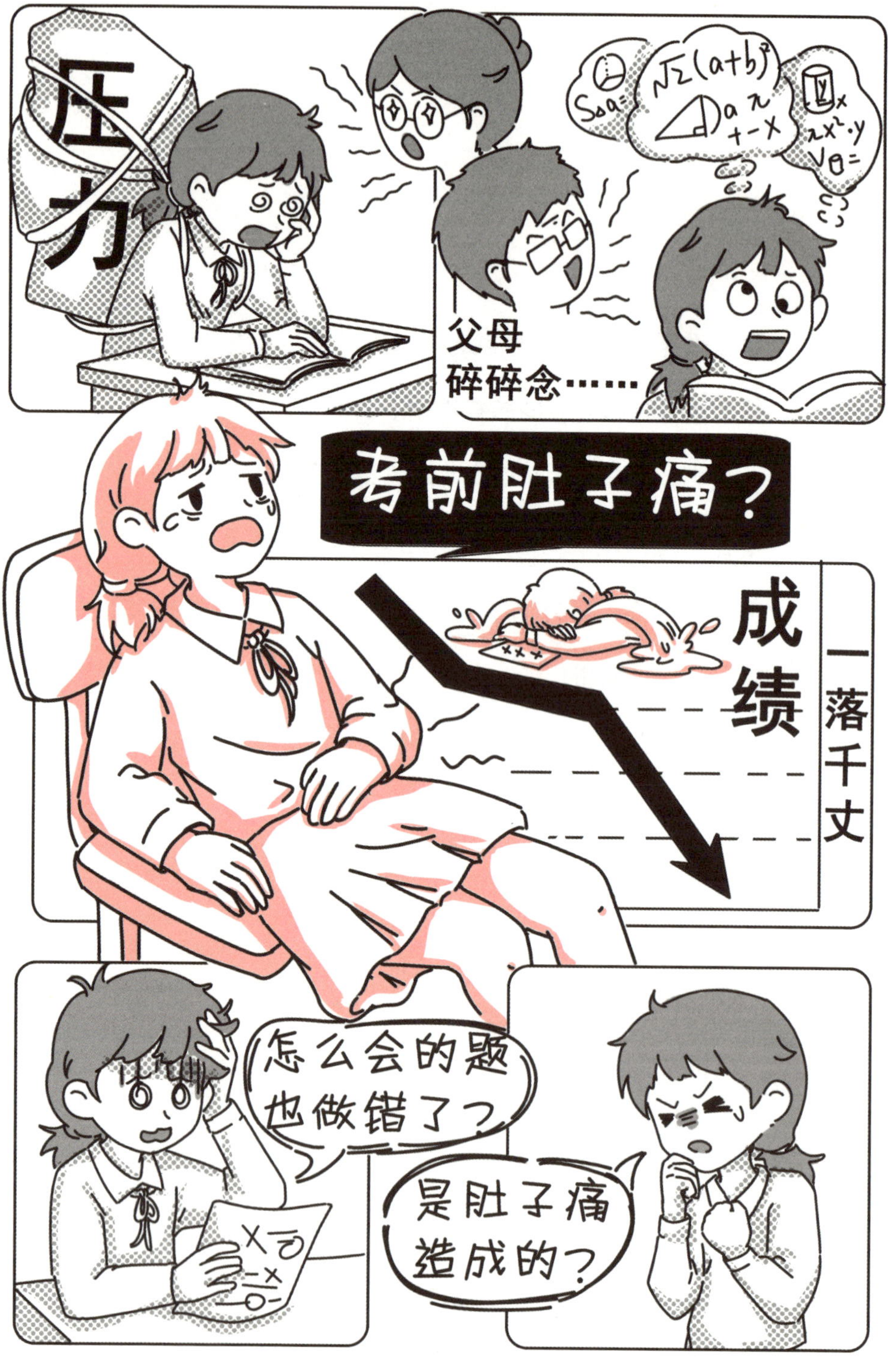

检察官妈妈写给女孩的安全书

心理健康

其实不少人都有过这样的体验，当我们面临某个重大场合需要上台发言时会感到特别紧张，然后会突然感觉胃部翻腾、恶心不适；或者会为了某个即将来临的重要考试而感到肚子疼，有的甚至会觉得疼痛难忍。为什么会这样呢？

根据近年来研究发现，我们的神经系统不仅存在于大脑内，在我们的肠道内也有神经系统，肠道神经系统由分散的食管、胃、小肠、结肠组织上的神经元、神经传感器和蛋白质组成。美国神经学家埃默伦·迈耶（Emeran Mayer）出版了一本图书叫作《第二大脑》，指出我们人存在两个脑，头脑和肠脑。

肠脑就是胃和肠道组成的无意识思维的脑，是人体的第二大脑。肠脑的神经系统连接并影响头脑的中枢神经，肠脑的这些神经系统可以传递、感知我们身体的信号，可以感知愉悦和不适，只是没有大脑神经系统的思维功能。

科学家把肠道内的神经系统称之为"第二大脑"，和我们的第一大脑相互对应，只要其中一个感到不适，另外一个也会产生类似不舒服的感觉。

根据研究表明，当我们大脑休息做梦时，"第二大脑"会

出现波动情况，肠胃肌肉等会收缩。同时，在我们大脑面临压力感觉紧张时，"第二大脑"也会像大脑一样分泌神经递质激素等，让人体验到同样的不适感觉。

这么解释后，亲爱的女孩，你是否能够理解了，当你面临考试感到压力倍增时，不仅仅是大脑的压力，你的肠胃系统也就是"第二大脑"也感受到这份压力和焦虑，通常称之为"神经胃"，这个时候仅仅吃胃药是起不了多大作用的，因为你对考试的焦虑还在。

所以，要解决问题还是要回归到问题的本源。那么，我们面对压力、面对焦虑，该如何调节心理状态？如何降低我们的焦虑水平？

检察官妈妈的建议

考试有压力,面对考试感到焦虑,这和我们对考试的认知息息相关。怎么看待考试?怎么应对考试?怎么重新认识考试?这才是我们从内心寻找原因来调解心理状态的关键方法。

我们可以先从了解自己对考试的自动化思维是怎么运作的开始。在我们成长过程中总是伴随着父母这样的话,"好好学习,考个好大学,以后才能找个好工作,不然以后就很惨",这是父母常用的所谓激励孩子好好学习的话。利用"后果会很惨很不好",来让孩子产生对未来的恐惧,从而让孩子有动力去好好学习。恐惧会不会让人产生动力?避免恐惧是人的天性,恐惧会让人在一段时间内做出行为调整,但也有更大的、更深层次的"副作用"。

人避免恐惧的方式根据个体不同会有不同的方式,可能是逃,可能是作战,可能是回避,可能是舍弃……可见,恐惧并不必然会让人有战斗的勇气。

我们或许对父母这句话并不在意,但抵不住父母长年累月地讲。如果潜意识层面我们认同这句话,在面临考试时,我们的大脑就会产生一种自动化思维,这就是:不好好学习会考不出好成绩,没有好成绩就考不上好大学,考不上好大学就没有好工作,没有好工作就养不活自己,然后你的人生就会变得很惨。

但静心想一下,这样的逻辑真的每一步都具有必然的因果关系吗?

"不好好学习会考不出好成绩，没有好成绩就考不上好大学"，这句话相信大多数同学会认同，但是再问问自己：

"考不上好大学就没有好工作"，是真的吗？不一定。

"没有好工作就养不活自己"，是真的吗？不一定。

"你的人生就会变得很惨"，是真的吗？不一定。

改变绝对化的自动思维需要我们像抽丝剥茧般一步步问问自己，重新认识自己，重新思考考试的意义。上述反问自己的例子是我们学习如何避免一些绝对化思维的一种方法，这是第一点建议。

第二点建议，作息规律生活，保证营养，加强运动。运动不单单可以增强我们身体免疫能力，更能增加我们的心理抗压阈值。呵护身体、呵护肠胃是我们可以通过自己的主动行为做到的，比如定时吃饭，不暴饮暴食，保证健康营养，多做运动加强肠道蠕动，等等。我们不能通过意识命令大脑和肠脑不分泌关于焦虑的神经递质，但我们可以通过运动、加强营养和调整作息，来间接改变、降低我们的焦虑水平。

第三点建议，我们可以尝试提前做做应对考试紧张情况的自我暴露练习。找一个没有人打扰的时间和地方，然后想象自己正进入考场，准

| 第二章 | 如何疏导学业压力

备参加一个非常重要的考试,沉浸式感受一下自己身体的感觉,然后慢慢深呼吸,学习放松自己紧张或焦虑的情绪。定期练习就可以起到缓解作用。

最后,我想说,当我们很努力地去做自我调整,发现通过个人难以做出改变时,不要拖延,寻找专业心理咨询师的帮助是最合适的方式。

一上台发言就紧张到结巴,怎么克服?

女孩的小心思

我平时说话不结巴,只是普通话说得不太好,在原来的乡镇学校,老师和同学说话口音都差不多,老师也是带着方言的普通话,没有谁笑话谁。

升到县级中学后,发现大家的普通话都说得很好。有一次,上课朗读课文,偏偏老师让我上讲台来领读一段,我的方言发音引起同学哄堂大笑,自己恨不得凿个地洞钻进去。我也明白同学笑一笑就过去了,但还是觉得很丢脸。

从那以后,我一上台就紧张,虽然心底默念"不要紧张,不要紧张"还是紧张到结巴。我也希望自己像同学那样上台表达语言流畅、意气风发,有什么方法呢?

第二章 如何疏导学业压力

为什么当单个人处在多人目光聚焦之下会不由自主感到紧张和害怕呢？其实这是人类上百万年来进化的结果，也就是说是由我们的基因决定的。

根据有关研究，人类在百万年前进化过程中，还处于狩猎时期时，是群居动物，为了生存需要狩猎，狩猎的时候一般都是集体配合，也就是围猎。围猎的意思就是，一堆人围着中间一个猎物。在原始社会，一个人假如离开了集体，作为单个体在野外是很难生存的，很容易成为其他原始团体或猛兽的猎物。假如个体被围住，也就是意味着他处于高度危险之中，生存受到威胁，害怕是必然的。这时候，他身体的所有器官都会调动、紧张起来保持警觉。因为这个时候他需要高度警备，随时准备逃离危险。人类在上万年的进化过程中，这样的应急反应已经深深刻在我们的基因里，因为这保障了我们人类最后得以生存下来。

在人类上百万年的进化过程中，我们的大脑结构、基因进化已经完成。来到现代文明社会，不会再出现个体被围猎的情况，但是当个体站在某个场合的中央，接受周围群体的目光注视时，我们的基因对这种场景的天生反应会自动启动，个体感到紧张和害怕，是一件再正常不过的事情。只不过有的人后天经过训练和练习，把紧张和害怕的感觉控制在可以自我掌控的范围内。

被一群人的目光注视感到紧张和害怕，人会有什么样的身体反应和行动呢？原始人一般是两种反应和行为，一个是能逃跑就拼命逃跑；另外一个是逃不掉就拼命攻击，杀死对方，目的都是为了生存保命。

现代人在现实生活中，在某个场合中接受周围人群目光的注视时，我们不可能拔腿就跑，也不可能拿着武器攻击对方。但是，当我们处在众人目光的注视中时，自然反应是紧张和害怕，身体肌肉会自然做好跑或战斗的准备。虽然不能跑，但我们能感觉到腿部哆嗦、颈部和手臂肌肉紧张；虽然我们不能战斗，但我们可能会说话结巴或者总想吞口水；另外还可能会出现心跳加快、手心出汗等情形，这些都是因紧张而产生的一些身体反应。

出现紧张和害怕的身体反应，是无法通过我们的意识去抵抗和消除的，因为我们不能改变上百万年才进化完成的人类大脑结构。但通过一些方法和练习，是完全可以把这些紧张和害怕减少到我们能够掌控的范围内的。

那我们应该怎么做呢？

检察官妈妈的建议

其一，接纳我们的紧张和害怕，天生基因带来的，无须拒绝和抵抗。

亲爱的女孩，当你在课堂上站起来的时候，就是在经受一群人目光的注视，这个场景让人感到紧张和害怕是人之常情；颈部肌肉紧张而影响到发言，说话结结巴巴，也是正常现象。

我们完全没必要认为这个时候感到紧张和害怕是一件丢脸的事情，当我们不认为这是一件有损我们尊严的事情时，这件事就变成了一件小事。认识到这是一件小事，是一个小问题，对我们而言，解决小问题就容易多了。

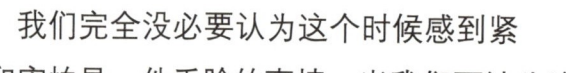

其二，学习深呼吸等放松的方法。 我们紧张和害怕时，四肢是本能要做好逃跑和战斗的准备，那就需要更多的血液和能量，肾上腺素大量分泌，大脑就会下达命令，让心脏把血液快速、高效提供给身体四肢的肌肉，让身体肌肉处于紧张的应急状态，这是一系列本能反应。

而有意识地深呼吸是为了扩张我们的胸腔，让血液更好地回流到心脏。当血液更好地回流到心脏时，就减少了身体四肢和其他部位的血液压力，让身体四肢和其他部位不用那么紧张，减弱应急反应。这就是深呼吸为什么能改善紧张和害怕情绪的原因。

其三，通过自我想象练习来增加我们承受紧张和害怕情绪的心理阈值。 找一个无人的空间，先闭上眼睛想象一下自己就在"舞台"上接受大家的注视，尽可能想得详细一点，让自己能够感觉到身体处在紧张和害怕的状态中，然后练习几个深呼吸后，就开始大声讲话或者表演。多练习几次，当我们觉得自己能控制住后，然后再试着邀请一两个好友来观看，让他们来点评一下自己的讲话或表演，然后再反复使用上述自我想象练习。

不需要强求把紧张和害怕情绪通过训练消除掉，反倒是保留稍许的紧张感，可以让我们在台上保持一定的警觉，发言或表演时，可以做到反应更加灵敏，表现得更好。

4

上网课学习效率低下，有什么方法改善？

女孩的小心思

因为疫情不能去学校，然后学校安排我们上网课，心底暗暗高兴，终于可以光明正大地玩电脑、拿手机了。而且在家上网课还可以一边喝奶茶一边上课，想想都觉得很美。

第一次上网课的时候是直播课，觉得很新鲜，跟着老师的讲解，大家在发言区发言。随着陆续开始上录播网课，慢慢觉得很无聊，特别是上录播课的时候，看着屏幕听老师讲，听着听着就走神了。有时候妈妈发现我在喝奶茶，过来监督我上课，唠叨我，还数落我没有自制力。

我当然知道上网课需要有自制力，但上网课是在家，喝杯奶茶或酸奶有什么关系呢？同学都挂着QQ或微信，自己回一下同学的信息，也没觉得耽误什么呀。

上了几个星期网课后，老师说要做个单元测验。这门学科原来是我的优势学科，但我的测验成绩刚刚及格，这才发现上网课后，自己的成绩下降得厉害。

我也知道上网课要有自控力，做到自律才能提高上网课的效率，但该怎么才能做到呢？

检察官妈妈写给女孩的安全书

检察官妈妈和你聊一聊

亲爱的女孩，我们大家都知道自控力是一项重要的能力，但既然是能力，那就不是我们知道了自控力的好处就马上可以拥有的。因为任何能力都是有一个逐步学习、逐步训练、逐步提高的过程，通过有效的方法学习和训练，坚持一段必要的时间，我们才能拥有某一项能力。

拥有自控力，做到自律，是一项为了达成某个目标，自己管理自己精力和时间的能力，而抵制眼前诱惑，做到延迟满足则是自控力的核心。

对于自控力的研究有一个著名的心理学实验，通过实验来研究"延迟满足"心理会对人带来的影响，这个实验叫作"棉花糖实验"。

棉花糖实验起源于20世纪60年代美国斯坦福大学心理学家沃尔特·米歇尔（Walter Mischel）教授主持的针对学龄前儿童的一项研究实验。

用一个困境挑战幼儿园的孩子们，给学龄前孩子两个选项：一个是他们可以立即拥有奖励——一颗棉花糖；另外一个是他们独自等待20分钟，之后能获得更大的奖励——两颗棉花糖。

如果有忍不住要吃的孩子可以按铃，但只能得到一颗；忍住等待20分钟后，孩子就可以得到两颗。

当孩子们都把自己喜欢的棉花糖放好，讲清楚规则后，工作人员暂时离场偷偷观察。面对棉花糖的诱惑，其中一部分孩子按捺不住诱惑，等待一两分钟就按铃吃掉一颗棉花糖，而有的孩子等待几分钟或十几分钟才按铃，还有另外一部分孩子坚持到最后，选择了等待20分钟。在抵抗棉花糖的诱惑方面，有部分孩子还是抵制住了诱惑，最后得到了两颗棉花糖。

孩子为了得到更大的奖励而努力延迟自己即刻满足的欲望，抵制诱惑，这只是实验的开始。这个实验对幼儿园的孩子持续跟踪了几十年，一直到2006年发布研究成果后，得到巨大反响。

这个研究结果出乎意料地证明了可以忍住诱惑等待更长时间的孩子们，有更好的自控力，他们在青春期的认知能力和社交能力更好，考试成绩也更突出。

在棉花糖实验中，跟踪调查显示，等待时间更长的孩子们在27～32岁这个年龄段拥有更健康的体质和更好的价值感，也能更有效追求自己的目标，有更好的适应能力并能应对沮丧和压力。

亲爱的女孩，介绍这个实验的目的，也正是为了让我们明白，在为了达成一个目标时，如果中途有其他的诱惑，就需要我们来努力抵制，专注地实现目标。

那么，我们该如何抵制诱惑？又该如何逐步训练我们的自控力，让我们拥有自律的能力呢？

检察官妈妈的建议

了解心理学实验的目的是让我们找到一般规律来运用到自己的生活场景中，帮助我们为了达成一个目标而抵制住诱惑或者排除干扰，通过延迟满足的心理机制来提升我们的自控力。

那面对自控力不足、无法集中精神、上网课效率低下的现状，我们可以怎么做呢？

其一，为了提高专注力，我们要有意识地改变环境条件的设置。 当摆在我们眼前的诱惑越贴近需求、真实，我们的欲望就越强烈，也就越难以抵制诱惑或干扰。比如在上网课的房间摆上了一杯自己喜欢的奶茶，那在上网课的时间段，我们就很难控住自己不去喝它；在电脑登录了社交软件，也很难做到看到有信息提示而不去看它。

在棉花糖实验中，对于能坚持 20 分钟的孩子，工作人员一边观察一边记录，事后还进行了采访交谈，有的孩子故意把棉花糖推开远离自己，或者试着闭上眼睛不让自己看棉花糖；有的孩子离开去玩其他的玩具；

有的说把糖想象成图片，等等。孩子们主动去改变环境条件设置，不让自己完全暴露在诱惑面前，来增加自己"延迟"的能力。

参考学习，当我们在家上网课时，需要我们把上网课的空间中存在的可能会干扰自己的诱惑先行清理掉。比如，我们把奶茶放到冰箱，可以作为自己专心完成 40 分钟一节课后的奖励；在上网时退出登录社交软件，没有"嘀嘀"信息干扰，可以让我们更加专心；还可以提前告诉家人在什么时间段不要打扰自己；等等。

其二，有意识地为自己上网课增加一个有仪式感的动作。在规定上课时间前 10 分钟，设计一个相对固定统一的仪式感动作，让自己进入专心状态。仪式感动作可以起到一个心理暗示作用，可以帮助我们进入一个专注状态。比如可以在上课前在心里提醒自己："我要认真听课啦"，或者设置一个闹铃等等，自己完全可以发挥创造力设计专属于自己的仪式感行为。

其三，为自己提前准备一个奖励，在自己专心上完一节课后，就可以得到这个奖励。这是为了强化大脑的正向激励机制，也是为了提高我们完成一个小目标的意愿和动力。当然事前我们也可以和父母沟通，让父母来帮助自己实施这个计划。

其四，目标逐层分解成可实施的小计划。 比如制定一个三天专心上网课的目标，然后把三天总目标分解成每天要完成的小目标，再分解为上午和下午需要完成的更小的目标，把目标细化后按照步骤去实施。

还有一点非常重要，三天后需要对目标是否完成进行回头检查，找原因、找解决方法，这个过程一般叫作复盘。对没有实现的小目标重新进行规划设计，再次纳入总目标，这样循环实施。

在循环实施一段时间后，就可以做一个小总结了，看看自己的自控力提升了多少，随着自控力的不断提升，"知道"到"做到"之间的距离就越来越容易达成了。

| 第三章 | 同伴关系带来的困惑如何解开

和生活习惯不同的同学
怎么和谐相处？

女孩的小心思

妈妈对家里日常卫生要求比较高，每天都打扫卫生，家里的东西都归类放好。由于妈妈从小在这方面对我要求也很严格，所以我养成了把东西分类放置、保持整洁的习惯。

这学期升高二，学校重新分配了宿舍，住了一个星期后觉得这个宿舍的同学都不怎么爱干净，衣物等物品都乱糟糟堆在自己床上，看着很不顺眼。虽然心想收拾好自己的东西，其他的忍忍算了，但由于这种日常生活习惯上的不同频，我也不怎么爱主动搭理舍友。

后来又搬进来一个奇葩舍友，很邋遢，偏偏她睡我上铺，喜欢把自己的衣服鞋袜到处乱放。有时候她直接把衣服一丢，挂在我的床边。第一次我忍了，提醒她让她把衣服放好，但后来她还是习惯这样，真是越忍越难受。

特别让人不能忍受的是，有一次她把穿过的球鞋连同臭袜子也放在鞋里，直接塞在我的床铺底下。我在午休时闻到一股臭味才发现的，一气之下，把她的鞋连同臭袜子直接扔进垃圾桶了，之后这个同学和我吵了一架。

为此，我和其他同学的关系也搞得有点僵了。和同学相处成这样我也不想，但看到宿舍乱糟糟的就觉得心烦，火气就忍不住，该怎么办？

| 第三章 | 同伴关系带来的困惑如何解开

情绪是一种能量,像水流一样,会从我们内心某个地方来,也需要找到某个途径走。当我们不了解情绪怎么来的,以为忍一下就会过去时,像水流一样的情绪就被"忍"这样的方式堵住了。

我们知道,水流越堵只会越积越多。被堵住的情绪也是一样,越忍积累得越强烈,直到崩溃爆发的一刻。所以当我们了解情绪是怎么来的,就明白情绪可以忍一时,但不可能忍长久。情绪需要疏导,就像疏导水流一样,我们需要为情绪建立防漏堤坝,同时也要为情绪的释放找到疏通的渠道。

假如一个人有随手收拾整理的习惯,喜欢生活保持整洁,是因为这样做可以让她(他)感到舒服和安全。同时她(他)内心有一个信念,整洁是应该的,整洁的秩序给到她(他)安全感。当有这样一个习惯的人身处在一个比较脏乱的环境中时,会觉得不舒服,实际上是因为内心的安全感被打破、被侵犯、被干扰,自然就产生了生气、愤怒的情绪。

假如另外一个人没有随时收拾整理的习惯,喜欢生活随意散漫,是因为这样做也是可以让她(他)觉得舒服和自由。同时她(他)内心也有一个信念,随意不受控制是应该的,随心所欲放置自己的物品给了她（他）自由的感觉。当有这样一个习惯的人身处在一个随时要求将物品放置到规定位置的环境中，她（他）也会觉得不舒服，实际上是因为她（他）内心渴望的自由感觉被控制了，这时候自然也会产生生气、愤怒的情绪。

不同的习惯其实反映了人不同的心理需求。亲爱的女孩，你可能是一个内心对安全感要求比较多的人，而你的舍友可能是一个内心对自由度要求比较多的人，在学校宿舍这样一个共同的空间，不同习惯相互冲突，反映了两种心理需求的冲突。

我们用"忍一忍"的方式来处理情绪，有用吗？这样做暂时是可以避免冲突的，从这点讲是有用的。因为情绪是一股身体的能量，当情绪能量在我们意志控制范围内的时候，是可以暂时被压下去从而避免冲突，相当于我们用"忍一忍"意识把愤怒情绪能量包住了。

但是我们内心对安全和自由的心理需要还在，对整洁环境的要求和随性放置物品的习惯都还在，现实情况是大家都在同一个宿舍，在同一个空间下，冲突的内在原因都还在，产生"愤怒"情绪的根源也还在。所谓"忍得了一时，忍不了一世"，暂时忍下去的愤怒能量随着时间的流逝会增加，最后在某个点就爆发冲突了，最后导致同学关系破裂的结果。

同学关系破裂是我们不愿意看到的结果，所以才会感到难受和痛苦。当我们感到难受和痛苦的时候，其实就是我们改变的时机。

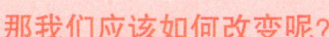

那我们应该如何改变呢？

检察官妈妈的建议

一个人的生活习惯养成和自身成长的家庭环境息息相关，不同的同学来自不同的家庭，都有自己的生活习惯。不同生活习惯的人因为上学需要住校，共同开始集体宿舍生活，我们需要互相体谅和包容，同时也需要自律，不妨碍他人。

当我们感到被他人妨碍了，自然会生气，特别是出现了一而再、再而三妨碍自己的事情，是继续忍还是发火？和不同习惯同学相处产生了矛盾，该怎么解决？

第一，觉察情绪，照顾好自己的情绪。和同学相处产生矛盾，当我们感到生气、愤怒的时候，情绪不是靠"忍一忍"就能过去的，而是需要觉察，觉察这个时刻自己的情绪是什么，然后加以疏通。生气愤怒是一种非常有破坏力的情绪，需要我们牵引它。

第二，换位思考，相互谅解，先做出体谅对方的举动。我们认为宿舍就应该保持整洁，认为这样人才会觉得舒服，所以也理所当然地要求

其他人也应该这样，不然就是妨碍了自己。试着想一想，这样的认知一定就是合理的吗？有没有调整的空间？对方觉得可以随意乱放才是舒服的感觉，是否就是错误的和不能接受的？假如对方的随意放置物品只是在自己床铺位置，我是否应该有看着不舒服的感觉？对方什么情况会妨碍到我，什么情况不会妨碍到我？

多问自己几个问题，多角度去思考，才能真正换位思考。明白对方随性的行为并不是针对自己，其实体谅就完成了一半。

第三，确立自己能接受的底线，和对方沟通。 收拾整理的习惯是让我们自己舒服的习惯，没必要为了将就其他人而改变。我们收拾整理属于自己的物品，可以要求人家尊重不要弄乱，但我们不能要求他人也和我们一样喜欢收拾整理自己的物品，或者强行去收拾整理其他人的物品。在自己的范围划定自己的底线，请对方尊重。

第四，对于已经激化的矛盾，积极寻找方法化解。 可以想象一下，天天见面的人，看到对方就充满怨气，自己这一天能有什么好心情？主动积极去化解矛盾，不是怕了谁，也不是为了讨好谁，是为了我们自己。

比如舍友把臭鞋袜放到自己床下影响到自己休息，自己发火把对方的鞋袜扔进垃圾桶，这就是让矛盾升级的举动，矛盾冲突没有得到解决反倒恶化。正确的做法是我们需要让对方知道自己的底线，向对方讲明把鞋袜放到自己的床底会影响到自己的正常休息，请对方下次不要这么做。

解决矛盾的方法不止这一种，当一种方法无效时，只是提醒我们需要调整另外的方法，而不是放弃。

转学到新学校如何交到新朋友？

女孩的小心思

我不喜欢转学，但因为爸爸工作调动的原因，六年级时不得不转学。这次转学，我离开了熟悉的好朋友、邻居，养了三年的小狗也不得不送人。离开的当天，为了不想让朋友看到自己伤心，我忍住没哭。

新学校环境很好，但我在这里没有朋友。上课老师、同学用普通话，但下课以后，同学们交流都是用方言，我听不懂，只好默默不出声。来到新学校一个多月了，我越来越想念之前的同学和朋友们，偷偷哭了几次。

在新学校我觉得很孤单，学习方式和以前也不同。我知道不可能回去之前的学校了，但很不开心，该怎么办呢？

亲爱的女孩，非常体谅你的心情，离开熟悉的学校，离开好朋友和同学，对任何人来说，都是一件非常难过的事情。你为了不让朋友伤心而强忍着不哭，这是多么善良啊。

转学对于一个人来说，是一件大事，这里面汇聚了我们很多的情绪，有离别的忧伤，有新环境的兴奋，也有学业的压力，更有人际关系重建的恐惧。转学带来的离别的忧伤还没有消退，又要面对全新环境（新学校新同学新老师）带来的茫然和压力。

但是不论有多难，假如我们已经知道这是一件不得不面对的事情，就应该积极应对。对此，我们可以从以下四个方面来思考，提前做准备，缩短适应期。

第一，我们需要准备适应新的空间环境——新学校。适应新环境肯定有一个从陌生到熟悉的过程，相对而言，空间环境适应是比较容易的，课后去校园溜达溜达，四处看看，多走几次也就熟悉了。

第二，我们需要准备适应新老师不同的授课方式。新学校肯定是新的老师授课，除了授课方式的不同，更重要的是课程衔接问题需要处理好。学习方式的变化可能要花比较长的时间去适应，提前预计到困难，做好应对准备。

第三，我们需要准备适应新的同学和人际关系。包括我们可能很长一段时间见不到旧朋友，以及要重新结交新朋友的问题；来到一个新地方，语言交流可能存在障碍的问题等等，我们都需要预先有心理准备。

第四，我们需要适应情绪波动，面临心理建设的问题。离别的忧伤，新学校环境带来的兴奋，适应新老师教学方式的压力，还没交上新朋友的孤独，等等，在这些适应新环境的过程中，必然会带来多种情绪的波动，也会给我们的心情造成较大的影响，心情受到影响当然也就会影响到我们的学习和生活。

那么，为了更好适应新学校的生活，更容易交到新朋友，我们具体可以如何去做呢？

| 第三章 | 同伴关系带来的困惑如何解开

检察官妈妈的建议

首先，我们在第一次去新学校和老师、同学见面，一定要注意仪态仪表。因为心理学上有"第一印象"效应，这是美国心理学家洛钦斯首先提出来的，交往双方形成的第一次印象对今后交往关系起着非常重要的作用，也是"先入为主"带来的效果。虽然这些第一印象并非总是正确的，但却是最鲜明、最牢固的，并对双方交往起着非常重要的作用，也常常决定双方交往的进程乃至结果。所以，来到一个新环境，期待得到大家的好感、结交新朋友，我们要重视给人的第一印象。

● 做到衣着得体大方。不要穿过于时髦的衣服，也不要穿过于邋遢的衣服，假如提前拿到校服，那我们就穿校服，校服需要购买适合自己的码数，穿大一码容易显得拖沓，穿太小又容易显得拘谨，都不适合，即使是校服也要穿着得体。

● 保持真诚的微笑和大家打招呼。假如我们性格活泼开朗，可以大方地和大家打招呼做自我介绍；假如我们性格比较内向，不由自主有点胆怯，不想说话，那么面对老师、同学时也要尽可能保持微笑，做点头打招呼等表情姿势。

因为我们在和人接触时,传递信息的不仅仅是语言,更多更重要的还有一些非语言方式,包括表情、语气、肢体动作等,其中真诚的微笑是表现力最丰富、最有效的非语言符号。当我们和某人的目光相遇时,主动真诚的微笑也会换来对方善意的微笑,它可以缩短人和人之间的距离。

来到一个新集体,衣着得体,真诚微笑,可以让我们留给老师同学们容易接近、温和、平易近人的感觉,也更容易收获大家的友情。

其次,主动适应新学校的学业压力。来到新学校学习,必然要面临多门学科的课程进度以及师讲授方式的差别,这个差别可能会带来困难和压力,也可能是挑战和机会。对于学业进度不一样的功课,特别是落下的进度,一定要主动找老师补起来,老师教学是按照由浅入深的逻辑推进的,

当自己的学习进度差了一个环节,就非常容易导致后面的内容上课听不懂。因为后面的知识是以前面的知识为基础的,所以补上落下的课程进度非常关键。对于从来没学过的知识要主动把同学当作小老师,虚心请教。

最后,做主动的分享者。十几岁的学生天然对外面的世界充满好奇,这时利用我们在不同地方生活学习过的优势,和旧朋友分享在新学校、新地方遇到的新鲜事情;和新朋友分享我们原来生活过的学校和现在的地方有什么不一样,对于两边的朋友来说,都是有吸引力的。我们就是桥梁,就是纽带,不仅能收获两方面的友情,也能提供给两方面朋友新的认知,还获得了尊重和友善。

度过孤独,克服迷茫,勇敢、积极地融入新集体,才能收获友情。

亲密无间才是
好朋友之间的距离吗?

女孩的小心思

高中阶段,我和晓晶兴趣相投,是关系很亲密的好朋友。高一的时候,因为我是首次住校,许多事情不太懂,而晓晶在初中就有住校的经验,所以她像大姐姐一样照顾我。她会带我去饭堂打饭,从宿舍到教室上课她会等我一起走,只要是在学校的时间,我们都在一起,而且住宿舍我们还是上下铺,大家都说我们好像连体双胞胎,想找我找到晓晶就可以了,想找晓晶找到我就可以了。

我也一度很庆幸有这么一个好朋友。我们一起吃饭一起玩耍,衣服也互相换着穿,你中有我,我中有你。我们都认为双方的友情牢不可破。这样的情况一直持续到高二。我注意到，当我没有和她在一起的时候，她就会问我非常详细的过程，比如和谁在一起，干什么了等。

高二时发生了一件事，让我们的友情出现了裂痕。有一次我参加校运会，和另外三个同学组队接力跑，晚上需要一起训练交接棒，于是那段时间上一半晚修我就提前离开教室去操场训练。

后来晓晶对我发脾气，说我上晚修后就不见人影了。我向她解释了要去操场训练接力跑步，但她还是为此而生气，说我应该提前告诉她，并且说下自修后可以去操场等我。我觉得没必要。晓晶再三坚持被我拒绝之后，就再也没理过我。

曾经认为牢不可破的友情，你中有我，我中有你，也会走到尽头。我觉得很伤感，但又并不希望和晓晶继续像以前那样，因为我感觉那样的友情也让自己有点不自由。那么，亲密的朋友之间该如何相处呢？

检察官妈妈写给女孩的安全书

女孩之间的友情有一种称呼叫"闺蜜",从字面上来解释,"闺"是指闺房,女孩住的地方,具有私密性;"蜜"是甜蜜之意,引申为女孩和女孩之间温情、甜蜜,可以互诉衷肠、互相依赖、互相信赖,互称"闺蜜",也隐含了女孩对友情有更趋向于亲密无间的需求。

"亲密无间"用来形容友情时,常常表达的是褒义,简单从字面来理解,就是指关系好到彼此之间没有距离。在现实生活中我们常常听到有人表达"你的就是我的,我的就是你的",也会用"同穿一条裤子"来形容两个人关系好。但当友情"亲密"到"无间"的程度时,又常常会发生什么事情呢?

"友谊的小船说翻就翻",虽然这是一句网络流行语,但也从一个侧面说明了一种现实情况:友谊会破裂,特别是当关系亲密到没有距离,你中有我、我中有你的时候,更容易破裂。这是为什么呢?

因为人首先是一个独立的个体,作为一个个体的成长肯定需要有属于自己的空间。当我们把自己内心一部分空间让渡给另外一个人,和他或她建立友谊,获得对方付出的情感时,也需要保留属于自己的空间。

你和晓晶的友情经历了从建立发展到持续深入再到变化破裂的过程，其中一个最主要的原因，是没有保持动态平衡。晓晶总是像大姐姐一样照顾你。照顾对方相当于是一种情感付出，那假如你没有其他对等付出的方式，晓晶在对你付出了照顾之后，心理上必然想期待你的听话，换个角度就是晓晶需要一定的掌控权。

同样的道理，你得到了她的照顾，也需要让渡一点自己的自主意志，听从对方的安排，因为"照顾"这个词本身就有一方是控制，另外一方是被控制的内核在里面。当"照顾"是持续的、单向的，经过一段时间，就会形成一种模式——"照顾和被照顾"，在心理机制上就会形成"控制和被控制"的关系。

然而个体的发展是需要个人自由意志的，所以"被照顾"一方，也就是"被控制"一方持续单向发展到一定程度，必然会有反弹，从而打破原来的平衡。但情感是互动的，需要平衡，而保持平衡的基础就是必要的边界。

友情互动平衡被打破之后，假如彼此在一段时间都做出新的调整，友情会持续，但假如一方或双方不能调整，友情就在变化中破裂了。

友情有哪些发展的一般性规律呢？我们该如何在成长中收获属于自己的友情呢？

检察官妈妈的建议

友情是在和人交往过程中建立起来的,也就是说,想要拥有真正的友情,我们需要和人交往,互相交流,建立联结,这个过程是一个不断成长和学习的过程。想拥有真正的友情,需要我们对友情的建立、持续、变化有一个了解,然后在成长的过程中不断学习如何和人相处的学问,找到属于自己的友情,并在友情中成长。

第一,友情建立阶段。我们要明白一个人不可能和任何人都成为朋友,两个人或者几个人可以成为朋友,必然是彼此之间有相互吸引的地方,朋友关系也必然是一个双向的关系,虽然他们之间的互动模式会有不同,但必然是互动的,不会是单方的付出或接受。

以你和晓晶之间的友情为例,第一阶段你们之间相处融洽,彼此兴趣合拍,在逐渐了解的过程中友情不断加深。

第二,友情持续阶段。我们对感情的需求天然需要安全和稳定,包括友情。友情的维持需要稳定的发展阶段,边了解边发展,是一个逐步深入的过程。同时,我们也必须承认,真正的友情是需要付出时间、精

检察官妈妈写给女孩的安全书
心理健康

力和情感来维系的。

　　以你和晓晶之间的友情为例，友情中彼此照顾是很好的情感互动，接受一方的照顾懂得感恩，但同时也需要以自己的方式表达友情。假如是晓晶单方的持续对你做出"照顾"的付出，发展到一定阶段失去平衡可以说是必然的。

　　第三，友情变化阶段。不论是两个人的友情还是多个人的友情，本质上是一种人和人之间的关系，而关系必然是动态的，单方面的付出或接受都不可能让关系保持平衡，不能平衡的关系就很容易破裂。

　　以你和晓晶之间友情为例，持续的单向的"照顾和被照顾"模式

并非是一种健康的关系模式,是不可持续的。因为内核是"控制和被控制"的关系。这样的关系在初期,彼此之间是有空间的,所以不会有什么问题。

当关系单向持续发展,意味着控制是单向持续的,被照顾者在一定空间内可以感到被照顾的舒心和愉悦,但被控制也在单向持续,并必然会压缩个体发展的空间。当被控制者感到被压制了,只有两个方向,一个向外反弹,一个是向内继续压制自己。所以这种不健康的友情模式是不可持续的,需要我们做出调整。

当友情使我们个体成长空间受到挤压时,这份友情的破裂是在所难免的。只有和对方做出诚恳的沟通,表达清楚自己的意愿,彼此都成长,友情才可能持续发展。

④ 谣言四起，被老师误会、被同学冤枉，内心委屈怎么办？

女孩的小心思

学校组织科技模型比赛，我作为A队的主要选手负责我们队的水车模型。水车需要一个电机作为动力，我担心比赛中电机出故障，就多准备了一个备用电机。第一竞争对手B队在装完模型后试机，但电机不转了，去买赶不及，然后有个同学看到我多出的那个备用电机，问我是否可以借用。

当时我犹豫了一下，还是借给他了，然后他回去把电机装好，比赛就开始了，分四项评分，最后一项是模型运作，10分钟后综合评分。

当我们A队评分打完之后，B队模型开始运作，但是B队的电机启动后突然短路冒烟，有火星点燃了模型的纸壳外观,模型着火了,这下B队所有的努力全白费了。

我们A队获得了第一名,本来是一件很高兴的事情。但是后来,有谣言传出来,B队的电机是我主动提供的,说我为了第一名,故意搞阴谋,故意弄坏对方的电机,然后乘机把有故障隐患的电机借给对方,最后导致B队在比赛中电机短路起火,毁了对方三个月的心血。谣言越传越离谱,有的同学还相信了,也有老师旁敲侧击说我们A队赢得不光彩等等。

面对人传人的谣言,我真不知道该怎么和同学解释。不解释被同学、老师误会又非常难受,主动去解释好像又成了掩饰,我该怎么办?

检察官妈妈写给女孩的安全书

心 理 健 康

我的荣誉

检察官妈妈和你聊一聊

谣言是一种秘密渠道的产品并且传播迅速，有故意传播的，有说者无心听者有意的，有道听途说的私房话，还有自行脑补扰乱人心的失实传播等。

谣言之所以难以寻找到源头或者很难消失，是因为它的流传过程是完全非书面，你根本看不到那个流传的路径，也没法去监测它。另外一个原因是针对谣言，大家都是在用道德分析替代结构分析，都在用自己的内在认识去分析评估。

不论是谁身处在谣言中，都会觉得谣言很可恶，因为它会带来伤害，比如你的同学借了你的电机，最后发生了意外，于是流传出是你故意使用阴谋赢得比赛这样一个谣言。

我们受到谣言的伤害很难过，但面对谣言有时候又非常无助，不知道怎么办。辟谣？搞不好让谣言传递更快。不辟谣？就这样被冤枉被误会，更加愤愤不平和难受！

我们该如何防范或者减少谣言的伤害呢？

传播中的谣言，包括一些我们认为无关紧要的，信不信无所谓的信息，里面都隐藏着大量的伤害。特别是当一个人成为谣言的中心人物时，必然会遭受到更多的不公正对待。我们可以尝试从以下几个方面来应对。

第一，从自身内部着手，提高抗压承受能力。 面对谣言的中伤，我们不可避免会觉得生气、难过，甚至愤怒，特别是当谣言传播得比较广时，不可能向每个人去解释，我们还会有比较大的无力感。提高我们的抗压能力先要对自己的情绪有觉察，照顾好自己的情绪然后才能理性思考：自己和谣言是什么关系？是谣言的中心人物还是相关人物？自己因为谣言感受到什么伤害？会受到什么损失？

假如我们已经被谣言搞得焦头烂额、情绪低落、无法思考，是不可能找到谣言问题的解决方向的。

第二，针对不同类型的谣言，及时采取措施辟谣。 有谣言就有辟谣，谣言造成伤害，辟谣就是为了减少伤害，但辟谣的内容、选择辟谣的时机、辟谣的反作用等因素是必须要考虑到的。

可以通过网络媒体做自我澄清，但必须要把情绪控制好。我们要澄清的是事实真相和相关证据，而不是为了表达或宣泄情绪，要尽量避免情绪表达不当，使自我澄清行为变成谣言的传播助力。当我们无法控制自己的情绪时，宁可暂时不做自我澄清。

另外一种情况，当有人为了某种原因故意散布谣言时，这时候的谣言其实是伤害他人的武器，我们必须要采取果断措施来辟谣。官方渠道不会传播谣言，但是可以用来辟谣。对于一些有故意伤害意图的虚构事实的谣言，我们要有证据意识，比如一些微信群的对话截图、图片或视频等，收集这些证据及时向公安机关报案。

第三，从外部环境着手，来减少谣言的伤害。 谣言让我们感到最无力的就是没有办法向质疑的人去解释，我们要评估谣言对自己的实际影响。假如谣言会影响到自己现实生活中一些实际的利益或者决策，这个时候我们必须要向涉及实际利益的决策人进行辟谣的澄清沟通，并请官方进行调查并公布结果，尽可能减少影响。

假如只是影响到外界对个人的看法和评价，我们可以等待时间。谣言是一种信息，是信息就有时效性，有时候谣言沉寂的速度可能比我们采取辟谣所需要的时间还快。时间就是对付谣言的最终法宝。

我们要学习面对谣言，但也应该不做谣言的传播者。谣言止于智者，并不是说具有智慧的人才能辨识谣言，辨识谣言只需要一点同理心和常识即可做到。即便是对于自己来说无关痛痒的消息，如果是对他人可能有伤害的，那么请放弃传播，放弃一些无聊的低级趣味就可以做到"谣言止于智者"。

如何正确面对失恋的情感悲伤？

女孩的小心思

爸爸妈妈离婚后，我跟着妈妈一起生活，上高中后，妈妈工作很忙，让我住校。在学校有个男生小艾追求我，我对他也很有好感，而且他的父母和我妈妈都认识。

我和小艾在学校偷偷谈恋爱，很开心，我们没有耽误学习，在学校我和小艾讲好报考同一个城市的大学，去同一个城市读书，为未来而努力。高三了，大家都很努力。

然而，高三第一学期的某天，小艾告诉我，他和家里人商量了一个月，决定出国读书，所以得和我分手，已经办好了出国手续，两个星期后就走。

我很惊愕，有点无法接受，上个月我们还在商量报北京还是报上海的学校，报什么专业好，突然就告诉我因为出国要分手。我回家大哭了一场。小艾已经办理了退学手续，随后两个星期我在学校都无法专心听课，想起小艾，在头脑里总在问为什么。

妈妈看到我精神状态不太好，一气之下骂了我一顿。我觉得妈妈骂得有道理，我也知道最正确的做法就是投入学习，备战高考，但我总是会不由自主地想起和小艾的过往，很难过。我该怎么办？

第三章 | 同伴关系带来的困惑如何解开

亲爱的女孩，不论什么年纪，失恋都是一件令人难过的事情。青春期的恋爱比成年人的恋爱少了利益的纠葛，更纯粹，更让人觉得美好。一旦失去，虽然没有利益纠葛的处理，但情感上的挫败感、失落感反而更强。

失恋对个人来说是一种带有情感创伤的体验，但并不是说创伤就只有坏的影响。我们从失恋中学会正确看待情感创伤，学会修复情感创伤，对个体来说也是一种成长。

恋爱本质上是一种人和人的关系。常规理解，一方提出分手，被动分手的另外一方就是"失恋"了。"失恋"的一方比主动提出分手的一方会更强烈地感受到情感创伤。

那失恋为什么会对我们造成情感创伤呢？

其一，是因为我们的期待落空了，期待落空会产生失望，这个失望背后有对自己的怀疑和否定，也有对对方的不满和愤怒。特别是当我们付出精力、时间、情感、金钱等成本之后，在恋爱关系中也存在"沉没成本效应"。也就是说，当一方付出更多时，期待更大，也更不愿放弃。在这样的心理状态之下，失恋一方情感创伤更强烈。

其二，主动提出分手的一方是主动做出一种选择，在内心感受上是自己控制的，在内心已经有了心理预期。而被动分手的一方在心理感受上则是失控的，而且人的基本心理需求是不喜欢失控的，一旦出现失控感，自然感到焦虑，这也是"失恋"情感创伤会更加强烈的另外一个原因。

其三，被动分手的失恋一方在失控心理状态之下，会产生自我怀疑，怀疑自己看人的眼光，会对某个事情不断问自己"为什么？为什么？"在心理机制上，这其实是一种"反刍"现象，也就是说某个想法会反复不受控制地出现在我们脑海里。因为失恋的痛苦而产生的过度焦虑情绪，会在脑海里形成"强迫思维"，而强迫思维的反刍又进一步恶化了焦虑和痛苦，形成恶性循环，让人在失恋的痛苦中难以自拔。

其四，不论是什么原因分手，被动分手的失恋方都会有被背叛的感觉。前面我说过恋爱本质上是一种关系，一种关系的建立必须是双方在某一些方面达成了一致，言语上表达"我爱你，你爱我"是一种"关系承诺"，达成一致的意志后，一方先行毁约，在另外一方的感受就是背叛行为。人都有对安全感的心理需求，背叛就是对人的安全感的破坏。失恋一方感受到对方对自己安全感的破坏，这是一种情感创伤。

期待落空、失控、自我怀疑和否定、安全感被破坏，这是失恋会造成个体情感创伤的主要心理原因，但同时我们也要理解，人的心理追求（期待）、控制感、自尊、安全感这些心理建设和成长，不能只依赖他人。所以，修复情感创伤，主要还是需要自我成长。

那我们可以怎么做呢？

检察官妈妈的建议

失恋对人造成了情感创伤，多种心理机制得不到满足或是遭到了破坏，那么我们痛苦、焦虑、迷茫、怀疑等等，就都是正常的，所有的情绪都需要我们先接纳，允许自己伤心，允许自己难过，允许自己痛哭几场。在接纳自己情绪的基础上，从自我心理建设出发进行自我调整，才能在失恋中成长。

第一，关于自我心理追求方面。 和一个人建立关系，对关系的发展我们是有期待的，特别是恋爱关系，这是一种亲密关系。这个时候需要我们问自己的是：我对亲密关系的期待是什么？自己内心所追求的，哪些是可以通过自己的努力做到的，而不是通过对方来满足自己的。比如，你正处在高三时期，问问自己的追求是什么，目标是什么，在理清楚自己的目标和追求之后再为自己写下计划。

第二，关于对心理上控制感的认知调整。 人人都希望自己的生活是在自己把控之中的，谁也不希望自己的生活是处在失控状态的，但我们必须认识到自己可以做到的事情才是自己可以控制的，自己做不到的事情就是自己无法控制的。假如我们不能理清哪些是自己能够控制的，哪些是自己不能控制的，就会把许多不能控制的当作是自己可以控制的，最后导致的就是失控，心理感受就是失控后的焦虑。

比如，恋爱关系中，你爱一个人是自己主动选择的，可以选择就意味着控制感的加强，但别人爱不爱你是对方的选择，既然是对方的选择，控制权就不在自己。如果你认为对方应该爱自己，那就是把不属于自控的事情当作可以自控的事情，一旦不能如愿就会产生失望、愤怒等情绪。

第三，失恋后的自我怀疑和否定来源于自己对关系的误判和失控，这里涉及自尊的心理建设问题。 自尊是来源于自己内心对自我的评价和认可，当一个人内在自我不断完善、不断成长、不断进步，自尊水平就越高，就越不会自我怀疑、自我否定。自尊的修炼必须靠自己，爱自己比期待他人爱自己更加可控。

第四，增强自我安全感的心理建设。 当我们信任对方在恋爱关系中的"承诺"时，实际上有一部分是我们自己选择的结果，但我们不可能控制对方的想法，对方在恋爱关系中的"承诺"因为一些原因出现了变化，这部分变化对我们来说需要一个适应过程，适应的过程就是我们增强自

我安全感建设的过程，实际上也就是把情感付出的主动权拿回到自己手里。

当头脑里徘徊"他为什么要欺骗我""为什么要离开我"等失控式问题时，越问越不会有答案，不如转换角度，问问自己"我为什么会伤心难过""我为什么会生气愤怒"等自控式问题，从自我内心出发寻找答案，才能走出失恋的伤痛，并可以把失恋作为自己情感成长和成熟的催化剂。

| 第四章 | 如何和亲人更好地相处

父母不在身边，感到很难过该怎么办？

女孩的小心思

爸爸、妈妈在外地工作，我和弟弟在老家上学，我读小学六年级，弟弟读三年级，家里有爷爷奶奶照顾我们。

爸爸妈妈一般是过节放长假才回家，但今年春节没有回家过年，我和弟弟很失望，很想念他们。妈妈说等到暑假的时候，接我和弟弟去外地和他们住一段时间。

好不容易等到暑假，但是因为疫情原因，爸爸妈妈说不能接我和弟弟去外地了，让我们安心在家，过几个月就是春节了，他们再回家陪我们。

打电话时弟弟当场就哇哇大哭起来，然后妈妈让我坚强一点，好好照顾弟弟，说爷爷奶奶不能辅导弟弟作业，

让我多辅导辅导弟弟学习。我也很想哭,看到弟弟哭成那样,我不可以像弟弟一样哭,只好忍住。

后来看到有同学的父母回来,我更加觉得心里难受,但还是得强忍着。这几天在照顾弟弟的过程中,我感觉自己丢三落四的,状态不大好,我该怎么办?

| 第四章 | 如何和亲人更好地相处

亲爱的女孩，你是一位有责任心的好姐姐，是家里的好帮手。当父母不在家时，你在照顾弟弟方面承担了部分爸爸妈妈的责任，非常不容易。

当我们不得不承担一些家庭责任时，我们该如何照顾好自己的心理健康呢？如果我们懂得一些家庭成员关系责任边界，了解如何正确照顾自己的情绪，就可以更好地、更积极地生活，而不是压抑自己。

我们的家庭是一个整体，家庭成员之间相互交织着关系，比如父女关系、母女关系、姐弟关系、父子关系、母子关系、祖母孙女关系、祖父孙女关系等等。当某一个个体出现心理问题或症状时，从家庭治疗的角度来看待个体所存在的问题，是从关系入手的。

家庭中的每个个体，他所处的角色，都有不同的边界和责任，这是个体和家庭都保持健康状态的基础。比如，姐弟关系是同辈关系、同伴关系，互相关爱互相支持，在姐姐能力范围内对弟弟付出关爱，但养育的责任实际上不是姐姐应该承担的。当姐姐代替缺位的父母承担看护教育责任时，对姐姐而言是超出了"姐姐"的角色边界和责任，那也必然会给姐姐带来压力。

作为姐姐，也需要了解自己本来也只是一个十来岁的孩子，有着这个年龄发育阶段正当的心理需求。当姐姐基于家庭环境因素不得不承担起"父母"角色时，就必然承担了额外的压力，通常这部分压力会导致姐姐压抑本属于自己这个年龄正常的一些心理需求，比如爱美爱打扮、希望有人关注、宠爱等。

压抑作为一种心理防御机制，对我们的生活是有一定积极意义的。

比如，可以暂时让我们的一些欲望延迟满足，增强我们的自控力。但过度压抑则会给人带来非常消极的影响。而且压抑带来的痛苦感受不会自动消失，会从意识层面随着时间推移转到潜意识层面，然后在人的躯体或者行为上体现出来，身体可能会生病或者有其他不舒服的症状，可能会出现一些无意识行为等，比如你出现的丢三落四的情况。

压抑的情感还会破坏原有的家庭关系，比如姐姐可能因为痛苦压抑继而愤怒情绪爆发，向弟弟、祖父母等发无名火，又可能因为发了无名火而内疚，继而做一些其他行为进行"补偿"。

亲爱的女孩，当我们不得不压抑住对父母的思念，不得不压抑住属于自己年龄本来应该有的心理需求，还要承担起部分父母的责任看护教育弟弟时，这部分压抑的情感不会自动消失，反倒有可能随着时间推移而不断积累，最终爆发出毁灭性的破坏力。

那么为了更好地了解自己、更好地生活，我们该如何学习应对压抑的情感呢？

检察官妈妈的建议

首先，所有压抑的情感都需要表达，强行压抑着，身体就会以另外一种形式来表达。所以，当我们明白了这种心理机制之后，可以告诉自己，允许自己是孩子，允许自己有时候也做不到可以好好照顾弟弟和家里人。接纳自己是一个孩子，接纳自己做不到，也接纳自己可以不够坚强。

在一些时候尝试给自己松绑，想念父母就大声说出来，像弟弟一样在父母面前（电话或视频都可以）大声哭出来，哭出来不是代表我们软弱，哭出来是表达我们对父母之爱的渴望。

其次，作为姐姐，力所能及地照顾弟弟，但也不用强求压抑自己的一些愿望和需求来顾及弟弟。比如只有一支好吃的雪糕，弟弟爱吃，姐姐也爱吃，这个时候姐姐就不需要压制自己想吃的欲望和冲动，那就和弟弟分享，姐姐和弟弟一人一半一起吃雪糕。

这样既可以让自己不用因为有照看弟弟的责任而忽视了自己，又可以培养弟弟的分享意识和关爱姐姐的同理心。突破自己原来的认知，照顾好自己的需求和情绪，才能让自己更有力量，继而才能承担更多责任。

  再次，把压抑的情感转化为创作力。压抑的情感可以通过文字、绘画等自己擅长的方式来抒发，我们可以写下想念父母的日记、文章、诗歌等；可以用画笔把之前和爸爸妈妈在一起的快乐时光画下来；等等。

  在写或者画的过程中，我们压抑的情感就会随之被疏导出来，这是一种更加成熟的方式，同时也可以提高我们的创作能力。

怎么面对父母的吵架？

女孩的小心思

我很讨厌爸爸妈妈吵架，更讨厌他们一吵架就会来问我，说什么"你来评评理"，然后让我表态，发表意见。

有一次，他们为了春节回爷爷家过年还是回姥爷家过年而吵起来了，妈妈拉我来说："去年回爷爷家过年了，你爸爸明明说好今年回姥爷家过年，但你爸又变卦了。你评评理，去年的事你也是知道的。"我没办法说话。

爸爸这边又在说："我是说过，但这不是爷爷生病刚好嘛，那看看生病的老人就不应该了？"他们还加一句，"女儿说去哪边就去哪边。"

像这样鸡毛蒜皮的小事很多，问题是他们吵架就喜欢来拉我表态，真的很烦，我该怎么办？

第四章 如何和亲人更好地相处

爸爸妈妈之间如果产生矛盾或意见不合，按照关系边界来说，应该限定在夫妻之间解决，而不应该把家庭中的子女或者长辈拉进来处理或调和。一旦父母把子女拉进来，或者子女主动参与到夫妻矛盾中来，那所造成的后果只能是家庭关系的混乱和纠缠，反而造成更大的矛盾。长此以往，家庭中的个体往往出现某些症状和问题。

亲爱的女孩，父母吵架，特别是当着我们的面吵架时，所有孩子都是难过的。但在难过之余，我们要学习如何理性看待吵架，只要父母在吵架中没有涉及人身攻击，作为子女就完全可以把这看作是父母的一种沟通方式，虽然不是一种良好的沟通方式，但胜过没有沟通。

当父母吵架，特别是当着我们的面吵架时，也可以暂时使用情感隔离这种方式来让我们暂时远离这些不愉快。

情感隔离是人人都会使用到的一种心理防御机制，它可以让我们暂时将不愉快的事实或想法隔离在意识之外，避免引起痛苦。情感隔离这种心理防御机制有积极的一面，也有消极的一面。

从积极的一面来讲，情感隔离可以让我们的痛苦有一个缓冲的机会，让我们有时间来缓解一些自己难过、焦虑或害怕的情绪；

情感隔离还可以让我们暂时放下痛苦，放下痛苦才可能让我们自己的学习生活不受太大影响，可以正常上学和生活。

从消极的一面来讲，情感隔离也会让我们的情感变得淡漠，看起来似乎成为一个冷漠的人，隔离了痛苦的同时也隔离了快乐；另外，隔离的这部分痛苦情感并没有消失，而是转移到了身体其他地方，当有某个相应的时机时，可能会爆发。

面对父母之间的吵架，在明白可以使用的一些心理机制后，作为子女，有什么好策略来促进家庭关系更健康呢？

检察官妈妈的建议

当父母吵架，要拉你去给他们夫妻的矛盾做评判时，我们应该避免以下几种状况：

第一种，父母吵架，觉得烦、难过、痛苦，还要被迫做不想做的选择，于是把自己关起来，回避不愿面对他们。 在一些会当着孩子面吵架的家庭中，孩子会觉得害怕、烦躁，不愿出去见人，也不愿意和人交流。

第二种，可怜、心疼妈妈，在矛盾发生后和妈妈站在一边。 一方是任劳任怨、会利用孩子内疚心理的母亲；一方是脾气暴躁或冷漠、不愿主动交流的父亲。这个时候，孩子一般会和母亲结成同盟，从而会讨厌或憎恨父亲，和父亲的关系疏远，和母亲的关系亲近而纠缠。

第三种，同情父亲，在矛盾发生后站在父亲一边。 如果家庭中有个

控制欲强的母亲和一个会讨好的父亲，这个时候，孩子会和父亲结成同盟，反抗母亲。孩子会疏远母亲，而和父亲的关系亲近而纠缠。

上述几种做法，都会让我们的家庭关系更加混乱和纠结不清，都应该避免。当我们对此有了初步了解之后，可以运用情感隔离暂时放下父母吵架带来的痛苦，寻找机会向父母表达：父母之间的矛盾是夫妻之间的问题，应该在两个人之间找解决的办法。作为子女，无法参与夫妻矛盾的评判，爸爸妈妈都是最亲的人，不要让我们难做。假如这件分歧事件是涉及家庭全体成员的重大事项，那可以用开家庭会议的方式来讨论，每个人发表意见，找到共同认可的解决方案。

亲爱的女孩，作为子女，我们要学习分清矛盾的边界，做好子女的角色定位，尽可能少受父母吵架的负面影响，健康成长为一个独立的人。

觉得父母偏心，看到弟弟就想发脾气，该怎么办？

女孩的小心思

小学六年级我12岁的时候，爸爸妈妈又生了一个弟弟。弟弟没有出生的时候，我很期待，但弟弟出生之后，爸爸妈妈只围着弟弟转，让我觉得自己在家都是多余的了。

有时候我要妈妈帮我做点事情，他吵得不行，妈妈只好又去忙着哄他了，我的事还是得我自己来弄。有时弟弟过来黏我，我会觉得很烦，想发火。

有一次，爸爸批评我考试名次下降了，本来就觉得很烦，弟弟过来我房间，然后我吼一句把他推出去，弟弟含着眼泪不敢哭，可怜兮兮去找妈妈了，之后妈妈抱着弟弟过来骂我，于是我直接把房门锁上，不愿理他们。

爸爸妈妈在没生弟弟之前不是这样的，生了弟弟后，他们眼里就只有弟弟，只爱弟弟。这样的家庭气氛让我很压抑、很痛苦，我该怎么办呢？

第四章 | 如何和亲人更好地相处

亲爱的女孩,相信在你弟弟没有出生之前,你不会怀疑父母是否爱你,在你成长的12年里,你曾是父母唯一的孩子,父母所有的关注点和主要精力都在你的身上,你从父母对你的关注上感受到父母爱你。

在弟弟出生之后,因为弟弟年幼,爸爸妈妈把主要精力用在照顾弟弟身上,对你不能像之前那样关注,你感受到父母对你的关注少了,要求多了,对于一个从小到大独享父母关爱12年的孩子来说,确实会有很多失落。

相信你能理解,一个人的精力是有限的,弟弟年幼确实需要爸爸妈妈更多的照顾,对你的关注肯定会变少了,从理智上分析这种情况是正常的,但情感上却难以接受。这其实不是你一个人才会有的感受,一般人在理智和情感上都会有这种困扰,就是明明知道但却做不到,无法接受。

我们理智上可以理解父母照顾弟弟多一些是正常的,那为什么当父母关注或者照顾自己少时,我们仍旧会认为自己受到了漠视,好像自己是多余的一样,难以接受呢?

爱是通过具体的行为来传递的,当我们仅仅知道父母爱自己而没有感受到父母的爱时,实际上我们是纠结的,是会感到难过的。假如我们只是用理智压抑住负面的情感感受的话这种压抑是难以长久的，会随着负面情感的积累而在某个节点爆发。

每个人对爱的感受方式不同，这和我们所处的家庭环境、成长环境息息相关，可以说原生家庭造就了我们对爱有不同的感受和体验方式。

比如你感受父母对你的爱在弟弟出生前后区别特别明显，其中一部分的原因是，在弟弟出生前，你是独生女，父母的关注力只围着你一个人，日常生活中无数件小事在你脑海里留下印记，最后在你心目中形成了关注我就是爱我这样一种感受。

但在你的弟弟出生之后，在父母心目中已经有了前提假设："姐姐年长会照顾自己，弟弟年幼，需要更多照顾"，他们理所当然地认为你也懂，所以他们自然会忽视对你的关注，反倒是对你要求比较多。

当弟弟和姐姐都需要父母时，父母精力有限，无法同时照顾分配，他们就会做一个选择，因为他们认知里觉得年纪小一点就应该需要更多照顾，就如同在姐姐年纪小的时候他们照顾姐姐是一样的，所以他们可能连想都没想就先照顾年纪小的孩子了，而无暇去考虑年纪大的孩子的感受。

这个时候，作为姐姐，我们试着问问自己：父母这么做，就是不爱自己了吗？我们或许理智上明白父母心底对孩子的爱是一样的，但遭遇到不同的对待时，我们却分明感受不到父母的爱。

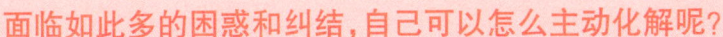面临如此多的困惑和纠结，自己可以怎么主动化解呢？

检察官妈妈的建议

情绪和理智的关系，美国积极心理学家乔纳森·海特在《象和骑象人——幸福的假设》这本心理学专著中有一个非常生动的比喻，人的情感就像一头大象，而理智就像一个骑象人。骑象人骑在大象背上，手里握着缰绳，好像是在指挥大象，但实际上，骑象人和大象的力量对比，大象的力量远远大于骑象人。假如骑象人和大象发生冲突，也就是说骑象人想往左边去，大象想往右边去，那你可以想象一下，骑象人的力量通常是拗不过大象的。

在家庭中，我们在理智上知道父母照顾年幼的弟弟更多是正常的，但当父母没有照顾到我们的情绪时，我们情感上还是觉得受伤了，于是会难过、生气、觉得不公平，所以才会发生对弟弟发火的事情。

理智告诉我们，家庭应该和睦，爸爸妈妈应该一样爱姐姐和弟弟，姐弟之间应该相亲相爱，但发生一些事情后，情感的大象还是会把我们拉向了另外的方向。

怎么做出改变，让理智和情感朝着一个方向去呢？那我们必须先了解大象的特点和秉性，因为理智提供方向，情感提供动力，只有利用大象的特点，才能朝着我们想要的方向去，否则，改变将会非常困难。

其一，我们要照顾好属于自己的大象。假如我们用焦虑、难过、害怕、生气的情绪来刺激大象，大象只会在焦虑烦躁中原地打转。而且当我们因为烦躁吼了弟弟，还会产生内疚和自责。内疚和自责的情绪还会降低我们的自尊水平，让我们觉得自己不够好，不配爱，容易做出逃避或者破罐子破摔的情形。所以，照顾好自己的大象，爱自己，听从内心真正的需求，才是正确的做法。

其二，了解了内心的需求后，从正面寻找合适的方式去表达。比如，我们内心是渴求父母也能关注自己、爱自己的，那就正面表达这个需求，而不是用住校不愿回家、对弟弟发脾气的方式曲折地表达出来，因为这种方式表达的只是我们生气、愤怒的情绪，而不是我们的需求。

当我们需要父母协助或者帮忙时，可以先观察环境，父母是否因为照顾弟弟而精力疲惫？我们可以先问问父母什么时候有时间，提前约定是一种积极主动的方式。另外，我们对自己受到委屈的情绪不需要强忍，在父母面前哭也不丢脸，只是哭完之后我们需要主动积极地和父母沟通，正面表达刚才自己是什么样的感受，

是怎么想的，希望父母怎么做。

我们要主动正面向父母表达自己的需求，而不是让生气、愤怒的情绪去刺激我们内在的大象，我们内在的大象需要爱。

其三，积极沟通，承担自己作为姐姐角色所能承担的责任。爸爸妈妈大部分精力在照顾弟弟，忽略了我们的需求，那是他们在对孩子爱的表达方式上出错了，假如我们继续用错误的方式去回应，只能是错上加错。

主动积极沟通表达，一方做出改变，另外一方的回应也必然会做出改变。

家庭关系都是在动态变化中平衡的，听从内在的声音，遵循我们内在大象的需求，使用正确的、正面的表达方式，从自己做起做出改变，才能起到积极作用。

很讨厌过年被亲戚问考试成绩，该怎么应对？

女孩的小心思

过年了，爸爸妈妈带我去给亲戚拜年，大多是一年才见那么几次的亲戚。爸爸妈妈让我和叔叔阿姨打招呼，我听话地叫"叔叔好，阿姨好"。

但是非常烦的是，叔叔阿姨们都特别喜欢问这么几个问题：在哪儿上学呀？学习怎么样？期末考试第几名啊？

他们特别喜欢问，我特别讨厌答。不理他们，爸爸妈妈又会说我没礼貌；回答他们，他们还会继续没完没了问下去。这种场合真的很让人烦，越来越不想和爸爸妈妈走亲戚了，该怎么办呢？

检察官妈妈写给女孩的安全书

第四章 如何和亲人更好地相处

传统上我们是非常重视亲情的社会，家族亲戚之间有时候并不生活在同一个地方，平时大家各忙各的，很多家庭也是逢年过节时才有机会聚在一起，聊聊家长里短是一种普遍现象。

这样的氛围能让我们感受到浓浓的亲情，在心理学上，人和人之间产生联结，情感的沟通和流动会带来和谐的人际关系，能让我们感到愉悦，人的幸福感会得到很好的提升。但前提是，人际交往，包括亲戚之间的交往，需要有舒适的人际距离和边界。

假如亲朋好友聚在一起，"八卦"对方的一些事情，不论这些事情是否属于隐私，只要我们自己感觉到不舒服，那就是超越了人际交往沟通的边界了。

在家庭聚会中，因为我们是晚辈，所以有的长辈可能会没有意识到这样的询问会让人不舒服。在他们眼中，可能是关心，可能是好奇，也可能纯属找点话题来说说而已。当然也不排除有的人是为了显示自己某些方面的优越感，故意来问问孩子成绩，比较一下。

但不管出于什么样的动机或理由，当我们对这样的问题觉得特别反感时，往往很为难。作为晚辈，我们不好对叔叔阿姨甩脸，可硬着头皮应对，回应叔叔阿姨的问题，又确实不太情愿，感觉

这些问题是"哪壶不开提哪壶"。

在家庭生活交往中遇到这样的困境时，作为晚辈对长辈理所当然应该表示尊重和礼貌，所以在大多数情况下我们会压制住自己的不满情绪，尴尬回应一下。

不过成年人很少会关注到小孩子的尴尬，还可能会持续追问。我们感到难堪之后，自然会产生不愿意和爸爸妈妈一起去走访亲戚的心理。

从心理学上分析，这是我们无意识采取的一种回避方式，以避免可能产生的尴尬、难受的负面情绪。其实这种情况不是你独有的心理机制，是大多数人都会采用的心理机制。在我们还没有想到更好的突破策略之前，都会选择类似回避的方式来避免难堪。

于是出现了另外一个纠结的情况：爸爸、妈妈和你作为大家庭的一个组成部分，不可避免是需要和家族的亲人相聚的。

那么，这样的困境有什么方法可以打破呢？

| 第四章 | 如何和亲人更好地相处

检察官妈妈的建议

在我们遇到类似的难堪情形后，我们首先可以告诉父母，告诉父母自己遇到的尴尬，告诉父母自己内心的感受和想法，希望得到父母的理解支持。

这里可能会出现两种情况：一种是父母能够理解我们并帮助我们避免尴尬和难堪，积极保护我们的自尊，这是一件值得庆幸的事情；还有一种情况是父母觉得这是一件小事，让我们不要往心里去，不帮助我们避免难堪。

那对于第二种情况，我们自己可以怎么应对呢？

第一，如果我们内心实在不想说自己的成绩情况，那么可以尝试采用"外交辞令"不直接回答。比如说："谢谢叔叔（阿姨）关心，学习上的事我会努力的。你们接着聊，我有点东西忘在了外边，我先出去一下。"这样的回答算是一种礼貌的托词，大部分亲戚只是善意找话题问一下我们的情况，对这样的回答不会很介意。我们在礼貌回应后应尽快离开，避免尴尬。

第二，在某些场合下，亲戚虽然没有什么恶意，但可能还是会追着问，这个时候，我们可以采取反问的方式应对，也就是提问对方。比如："叔叔，您女儿（儿子）读几年级呀？她（他）有没有来呀？她去哪里了呢？"把关于对方孩子的问题多问几个，岔开话题之后，大多数情况下，询问学业的事就翻篇了。

第三，有时候遇到某些无聊的亲戚，只想让我们出丑，会一直追问。这个时候，我们完全可以用"怼"的方式进行回应。成年人对于自己的收入情况就如同学生对于自己的学业情况，心态是类似的。成年人收入提高了担心有人想借钱，收入减少了担心丢脸，所以成年人收入的升和降，学生成绩的好和坏，心态是类似的，都不喜欢人刨根问底。

当我们遇到这样令人讨厌的亲戚刨根问底来问学业时，可以反问："叔叔，您今年收入多少啊？奖金比去年是多了还是少了？听说另外一个叔叔今年的奖金比去年翻倍了，您有没有翻倍？"用"对成年人收入的刨根问底"来应对"对学生学业的刨根问底"，这样实际上是用对方的方式来还给对方，让对方闭嘴。

需要提醒一下，这种回应方式应该谨慎使用，因为大多数亲戚中的叔叔阿姨都是出于善意的问候，只是没有找到合适的话题才问一下我们的学习情况，那我们用前两种方式礼貌应对就可以了。

面对亲人表达关心，我们的回答应有礼有节。人际关系和谐，人的幸福感才会提升。对于少部分不带善意的刨根问底，不妨反问回去，这也是保护我们自尊的一种方式。

5 不想做"妈宝宝",该如何和妈妈相处?

女孩的小心思

在我们家,爸爸主外,妈妈主内。听妈妈讲,她生了我之后就辞职在家专心带我,这么多年,全职在家照顾我,没有再工作。

妈妈很细心,为了照顾培养我付出了很多,从小到大的衣食住行,妈妈都安排得井井有条,我和爸爸都不用操心。妈妈常说的一句话就是:"你啥也不用管,只需要专心学习就行。"我也就乖乖地只操心学习上的事,中考成绩还不错,上了本市重点中学,学校离家不远,但学校要求全体新生住校,所以我第一次离开妈妈的照顾住校了,有许多事情都不会做。

妈妈对我住校不放心，每日晚餐都要送她炖的汤到学校，然后顺便把我的衣服拿回家洗；每天晚上下自习后都打宿舍电话问我情况……

就这样，一个月之后，我多了一个外号"妈宝宝"。我开始有点烦妈妈这样事无巨细什么都问，和妈妈讲过不用送汤来学校，但她总说学校的饭营养不够。我不想被人喊"妈宝宝"，也不想做"妈宝宝"，很郁闷，该怎么办？

检察官妈妈和你聊一聊

对一个未成年人而言，能够从小到大得到妈妈全职周到照顾，从某一方面来说是非常幸福的，但从另外一方面来说，妈妈过多的关注和照顾对孩子养成独立人格反倒是负担，并可能造成其他不良影响。

我们先聊聊幸福的一面，人刚出生是非常弱小的，没有妈妈（成年人）的照顾是无法生存的，幼儿得到妈妈周全的照顾，才能健康地成长。

幼儿从出生开始，有一个无微不至照顾自己的妈妈，和妈妈成为共生关系，有利于存活下来并慢慢长大。但随着孩子的长大，和妈妈的共生关系需要慢慢分离。断乳是孩子与母亲的第一次分离，而分床睡觉则算第二次分离，意味着孩子心理的再一次成长。

孩子逐步学习到自己照顾自己的一些技能，这些技能帮助孩子在心理上能够适应和妈妈逐渐分离，因为孩子只有在心理上和妈妈开始分离，才能逐渐获得精神上的独立，最终成长为独立的人。

这里再来说说为什么从小到大妈妈过多关注和照顾对小孩来说也可能是负担，并会造成不良影响。

在一个家庭中，如果妈妈给予孩子全方位的照顾，孩子就会习惯凡事不用自己操心,这其实也符合人的天然惰性。有些事情孩子不一定不会做,但仍旧习惯于接受这样全方位的照顾,这也是导致社会"巨婴现象"的一个原因。

人在自然发育过程中原本是具有向独立性发展的趋势的,过度关爱和呵护会一步步以爱的名义蚕食掉个人的独立性,没有独立性的人就只能是身体上长大成人,但心理上却永远是孩子,需要依附在父母身边才能生存。

孩子如果从小吃什么、吃多少、要不要吃、该玩什么、该怎么玩等都被成年人控制,就很难发展其独立性,就会习惯性地依赖父母。一个孩子想要获得心理上的独立,那么生理上的独立就是前提,也就是说在生理上独立照顾自己是心理上独立的前提条件。人在生理上无法照顾自己的话,就无法找到自我内心层面的掌控感;如果没有掌控感就容易受他人影响,对自我也就没有自信。

亲爱的女孩,你被人叫作"妈宝宝"时感到烦,自己并不喜欢这样的称呼,恭喜你,这说明你虽然比同学在心理上成熟晚了一点,但已经有了成长的愿望,现在可能就是最好的补救时机,要利用这个机会让自己快速成熟起来。

那么,不想成为"妈宝宝",该从哪些地方改变和妈妈相处的方式呢?

| 第四章 | 如何和亲人更好地相处

检察官妈妈的建议

　　拒绝当"妈宝宝"的第一点，就是提升我们照顾自己的能力。高中住校的基本生活技能可以先参照班上或宿舍里大多数同学能做的事情，比如每天清洗自己在学校换洗的衣服特别是夏天换洗的衣服，在学校饭堂吃饭自己清洗碗碟，自己整理宿舍床铺。从最基本的小事开始建立自己照顾自己的经验，反复实践，就具备自己照顾自己的能力了。

　　拒绝当"妈宝宝"的第二点，要开始尝试勇敢拒绝妈妈的过度关照。当我们意识到自己不愿做"妈宝宝"时，面对妈妈的过分关照，我们要勇敢拒绝，只有先学会拒绝才能让自己拥有空间和时间去独立处理自己的事情。住校生活是让自己在生理上完成能够独立照顾自己的好时机，我们有拒绝妈妈过度关照的很多好理由。

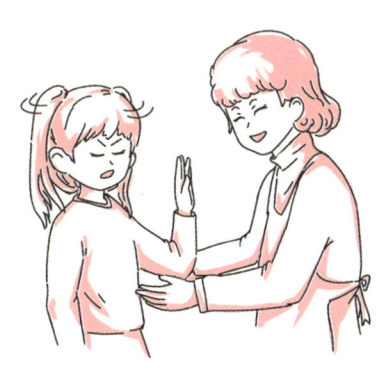

　　勇敢拒绝或许不容易，但当我们能够第一次开口表达，就意味着我

们独立能力的提高。当然偶尔也可以采用一下策略，比如我们明确告诉妈妈自己能做什么，希望妈妈可以看到自己的成长，然后把做好的事情主动告诉妈妈，让妈妈安心，不用那么担心和焦虑；或者主动邀请妈妈提供一点辅助，让妈妈有参与感，也让她不那么失落，减少亲子情感冲突。

拒绝当"妈宝宝"的第三点，要和妈妈沟通，划定属于自己能决定事项的范围。当我们在学校生活中，逐步可以做到和绝大多数同学一样照顾自己之后，我们就可以在属于自己的事项中，逐步拿回自己的决定权。

比如，我们的学业要往哪个方向发展，可以征求父母的意见，但并不需要完全听从父母的意见，我们需要听从的是自己内心的声音。在对某一个事项做出决策的时候，我们需要多方收集资料、多方了解，深思熟虑，设想最好的情形是什么，也思考最坏的结果是什么，再来评估自己能接受的状况，不断做出动态调整。自己能做决定，自己也要能负责。

最后，逐步成长为精神独立的个体意味着我们可以做到、完成和父母的分离，并建立起和他们相处的清晰的边界。我们要做到对自己负责，面对自己的学业、事业以及其他重要的人生抉择都可以做到不逃避，积极解决问题。当遇到自我和外部环境有矛盾时，在冲突面前，我们可以客观看待事实和自我，能做出自己可以负得

起责任的决策，即使是在困境中也能照顾好自己的身体和心灵。

为了留长发的事和妈妈吵架，该怎么和她沟通呢？

女孩的小心思

小时候妈妈都帮我留像男孩一样的短发，我很羡慕小伙伴们可以扎小辫子，可以变化很多种发型。小学四年级我开始留长发，一直留到六年级，头发终于可以扎成自己喜欢的发型，刚学会扎新辫子的时候，妈妈也夸我扎得好看。

六年级要毕业了，学习更紧张一些，每天需要早起上学，妈妈嫌我每天梳辫子的时间太长，催我快点时会嘟哝："把头发剪短可以省多少时间！"我洗头时，又啰唆我头发堵住了下水道，真烦。

星期天，妈妈说要带我去发廊剪发，让我把发型重新换成短发。我不乐意，为此还和妈妈吵了一架。真是很无语，该怎么和妈妈沟通呢？

检察官妈妈和你聊一聊

世界上没有一模一样的人，每个人都有自己独立的意志，不尽相同。我们和同学、朋友之间容易保持各自不同的特征而和谐相处，但和家人相处时，从空间距离上我们是身处在一个家庭中，加上这种天然血缘的紧密联系，在相处过程中，有时反倒不容易互相包容，难免因为各自的意见、看法、认识的不同而产生矛盾。

作为子女，我们和父母的想法发生分歧，有时候父母会用强迫的方式来让我们听从；有时候我们可能拗不过，表面听从了，但实际上内心一万个不情愿；有时候我们可能会软抵抗，不听不做，口头上不出声，表面上忍受父母的唠叨但就是不按他们说的做；有时候我们可能硬抵抗，直接吵架反抗，最后是否抵抗到底看事态发展……但不论是哪种方式，分歧还在，矛盾还在。

家庭成员的矛盾背后是对事物的看法不同，对彼此的期待不同。要解决我们和家人之间的矛盾，就要看到矛盾背后是什么。

亲爱的女孩，你喜欢留长发是因为觉得长发好看，而喜欢美、追求美是人的天性，为了满足追求美的心理，虽然打理自己的长发比短发肯定需要更多的心思和时间，但还是愿意这样做，因为把自己打理得漂亮一些会觉得更加自信。

妈妈曾经夸你的长发好看，那么关于留长发好看这点，你和妈妈的认识其实是一致的。分歧点在于妈妈认为打理长发耽误时间影响上学了，特别是在面临毕业的时候。

你和妈妈之间表面看起来是在争执剪短发和留长发的事情，但实际上是留长发打理起来会花更多时间和精力从而导致影响学习的问题，换句话说，实际上妈妈焦虑和担心的是你六年级毕业班的学习成绩，期待你将更多时间和精力用在学习上，获得更好的成绩。

假如这次只是为了解决头发的问题，而不去处理背后的实际问题，那么即使这次你答应剪了短发，但妈妈焦虑和担心的学习问题没有得到解决，还会继续有其他表面上的矛盾争执浮上来。比如可能会因为看电视、玩手机花了时间，也可能会因为外出喝杯奶茶浪费了时间等而再次起争执。

在解决家庭成员之间的矛盾时，我们需要学会从表面争执看到实际内在分歧。解决了内在问题，表面矛盾也就迎刃而解了。

那我们该怎么做呢？

检察官妈妈的建议

破解矛盾的方法，我们可以尝试从以下几个方面来做：

第一，缓和情绪，不去争执表面的事项。 表面事项的对抗只会激发更多负面情绪。比如，妈妈嘟囔你打理头发时间太长，嘟囔你洗发时长发掉落堵住了下水道，等等，这些都是表象，我们通过这些表象需要了解这背后是什么情绪，它们可能反映的是妈妈的烦躁、着急、焦虑等。当看到这些情绪之后，我们可以用"妈妈，你是不是担心……"这样的话来表达，看看能否找到其他的解决办法。假如我们一时没能看出妈妈担心的是什么，那么不予应对就是最好的应对，起码不会刺激妈妈的情绪升级。

第二，寻找表面情绪背后父母担心的是什么、在乎的是什么、期待的是什么。 比如，妈妈担心你打理长发花费太多时间，耽误了学习，从妈妈的内在期待来说，她实际上是希望你的学习成绩可以更好。亲爱的女孩，

检察官妈妈写给女孩的安全书
心理健康

我相信，从你内心来讲，学习成绩可以更好也是你愿意的。所以，本质上你和妈妈的期待目标是一致的，找到一致目标后，那么解决问题的方式就可能会有很多种。

第三，从共同看法入手，针对一致的期待和目标寻找方法，创造解决矛盾的多种思路。比如，对于留长发，你和妈妈有共同的看法，即都认为留长发好看；而你和妈妈都期待你的学习成绩可以更好，即你们有一致的期待和目标。这些问题弄清楚后，那么找到解决方法就比较容易了。

一个人自信的心理状态对学习是非常有帮助的，这一点相信妈妈和你都有认识。这个时候，我们可以从这几方面和妈妈沟通，向妈妈表达：其一，留长发让自己觉得更加自信漂亮，所以会有更好的心态来学习新知识；其二，对于早上打理长发所花费的时间，自己可以通过提前十分钟起床来解决，这样不用让妈妈催上学；其三，提出加紧学习的计划，并向妈妈承诺学习是关乎自己未来的事，自己会努力的。通过这几个方面来消除或减少妈妈对你学习方面的担心，从根本上解决矛盾。

子女和父母之间的矛盾不会有尖锐的利益冲突，在日常生活矛盾的背后，子女和父母的内在核心需求和期待通常是一致的，从一致的期待中寻找可达成目标的方式方法，才能真正解决矛盾。

第五章

怎么面对生活中的意外

养了三年的宠物狗意外死了，非常难过怎么办？

女孩的小心思

我一直很喜欢小动物，央求了妈妈很久，才答应我养一只柴犬。小柴犬来到我们家时只有四个月大，那时爸爸的公司刚成立，所以我给他取名旺财。它很可爱，全家人都很喜欢它，连原来不喜欢狗狗的妈妈也不讨厌小旺财。

在养小狗的过程中，多了不少麻烦事情，但也多了很多快乐。我在家负责训练旺财上厕所，旺财很聪明，很快学会了，它偶尔也会捣乱，很会撒娇，每天晚上家里人都会在固定时间轮流遛它。

有时我们全家还会带着它一起外出游玩，收获了

很多快乐，还拍了许多照片。不知不觉，旺财都三岁了，它就是我们家里一个特殊的家庭成员。

然而不幸的是，一次带它去到郊外，旺财被一辆车给撞上了，我就这样亲眼看着它倒下，我抱着它哭了很久，却仍旧唤醒不了旺财。之后在爸爸妈妈的帮助下安葬了旺财，家里人都很难过，谁也不愿提起它。

已经过去一段时间了，我还是会为旺财感到难过。妈妈说为了一只狗狗不至于这样吧，但我就是控制不了自己的情感，这是为什么呢？

第五章 | 怎么面对生活中的意外

养宠物是一件麻烦而开心的事情,照顾宠物的过程,让我们产生了责任感。在日常生活中,我们会安排专门照料宠物的时间,比如固定时间遛狗、给狗狗洗澡等,慢慢这些都会成为我们生活习惯的一部分。宠物在家庭中生活久了,犹如一个特殊的"家庭成员",我们和宠物之间也会产生深厚的感情。所以,当宠物因为意外或疾病死亡的时候,宠物的主人都会感到难过和悲伤。

宠物给了我们陪伴和快乐,是我们情感的支持,一旦宠物离世,不仅会打乱我们的生活规律,还会让我们觉得孤独、抑郁、悲伤。在宠物死亡几天或几周内,我们会因为生活节奏的变化和情感波动而感到心里空空荡荡。

目前有个专门针对丧失宠物后心理状态的研究,叫作"丧失宠物症候群",也被称为"失宠综合征",是指一种因为失去长期生活在一起的宠物而导致的精神疾病或心理状态,有些人会持续几周,有的可能会需要几年才能忘怀,甚至有个别的还可能因此患上抑郁症。

根据相关研究,"丧失宠物症候群"的症状主要有:

情感上觉得悲伤、绝望、愤怒以及不知所措,沉溺于内疚、孤独等痛苦的情绪中,感觉自己无法承受,甚至于拒绝接受宠物已死亡的事实。行为上会崩溃大哭，严重的可能会失眠、不能正常饮食，导致无法集中注意力，会时常想着已经离世的宠物，并可能导致头疼、胃疼等不适，等等。

宠物去世后，日常照顾宠物的时间会突然空出来，日常生活节奏被打乱，宠物遗留的物品会引起回忆，情感空白……在我们的生活中可能随之造成一种"涟漪效应"，因为我们失去的不只是一只宠物，还有对生活的掌控感。

失去心爱宠物的经历通常会是一种情感崩溃的经历，但大多数父母并没有认识到失去宠物会带给自己的孩子多大的创伤和痛苦，因而忽略了这部分悲伤情感的处理。正如你妈妈认为一只狗狗去世不至于伤心那么久，就是出于这样的认知。

许多人在宠物去世后，会出现"丧失宠物症候群"的相关症状。这些心理症状持续的时间越长，导致抑郁的风险也越高。

为了我们自己的健康，对"丧失宠物症候群"的出现和症状有所了解后，我们可以从哪些方面来面对自己的悲伤，从"丧失宠物症候群"中走出来呢？

检察官妈妈的建议

首先，请允许自己尽情地悲伤。当我们真正难过和悲伤时，请允许自己难过和悲伤。中国文化里对哀伤常常是主张"节哀"，但事实上，"节哀"并不能帮助自己走出悲伤，因为当我们认为"哀"是不好的，是负面的时，用一种压抑的方式把哀包住或压制住，对于哀伤的消化并没有帮助。

要允许自己释放内心的负面情绪，因为真正伤害一个人的不是悲伤本身带来的痛苦，而是一个人为了逃避痛苦所做的事情。比如，为了表现出坚强，把悲伤压下去，强忍着，最后导致身体出现其他病症。

其次，找人倾诉自己的悲伤。将自己对宠物的思恋向朋友、父母等身边人倾诉，不要把这些悲伤和思恋积压在自己的心底；也可以上网找一些同样失去宠物的人，通过和他们交流得到共鸣，在互相倾诉过程中悲伤会得以缓解。假如这么做还不能减轻自己的难过，寻求

心理专业人士的帮助,和他们聊一聊,可以学到更积极的方式处理自己的悲伤。

再次,为离世宠物设置一个充满仪式感的告别。 人在心理情感上一般都会重视某一件重要事情的开始或结束,设置一个充满仪式感的告别仪式可以让我们从心理上锚定这件事情已经告一段落,更有助于我们重新组织自己的日常生活,重新开启和规划新生活。

最后,转移注意力到新的对象。 可以专注于当下要做的事情,当我们做成一件事后会逐步让我们的内心充满力量,把对宠物的爱折射出去或者升华。比如做一件关于宠物的纪念品,多关心其他更需要关心的人或动物,等等。

有这么一句话说得很好:"看起来我们似乎无法离开小动物,其实是我们无法离开爱,宠物给予我们信任和陪伴,它们关于情感的表达直接、单纯和勇敢,原来自始至终是人类需要爱。"

2

和最好的同学要面临分别，很难过怎么办？

女孩的小心思

我和好朋友铭铭是从小长到大的好朋友，我们同住一个小区，在同一所小学、初中上学，几乎每天都在一起。后来在考虑初中毕业后升学的问题上，铭铭父母最后决定送铭铭出国读书。当铭铭把这个消息告诉我之后，一方面替铭铭开心，一方面又觉得有点难过，因为铭铭出国后，我们几乎都不太可能在一起了，有点天各一方的感觉。

那天周末，妈妈陪我送铭铭到机场，看到她和我挥手告别，我忍不住哭了，回到家后，难过了很久。

一个星期过去了，我的情绪仍然低落。妈妈叫我不要想了，好好学习才是正经事。道理我也知道，但就是提不起劲头来，该怎么办呢？

| 第五章 | 怎么面对生活中的意外

检察官妈妈写给女孩的安全书

随着我们的逐渐成长,离别这种事情会时常出现在我们的生活中,因而经历离别其实也是我们的一种成长方式。在经历离别的时候,每个人都会经历从情绪波动到情绪平复,再到情绪适应的过程。

比如,小时候我们去上幼儿园,最开始和妈妈分离,会哭会闹,经过一段时间就不再哭闹,再经过一段时间我们会每天开心和妈妈说再见,从情绪波动(哭闹),到情绪平复(不再哭闹),再到情绪适应(开心说再见),适应了幼儿园的新生活。

这个过程就是一个适应分离的过程,虽然我们可能都不记得上幼儿园的事情了,但这样一个情感适应过程基本上是我们每个人在遇到离别事件时都会经历的。而和他人分离时的情感波动激烈程度,是和年龄、分离时间、分离原因、情感深厚程度密切相关的。

亲爱的女孩,我们尝试分析一下,这件事对你而言,为什么会有这么强烈的情绪波动。

第一个因素是,你和好朋友从小就认识,在年龄上又都处于青春期,这个年龄正是希望获得同龄人友谊、同伴情谊的时期,而你很幸运,和铭铭从小就建立了深厚的友谊。这次分离事由是出国，两个人将离得非常远，很难见面，另外分离时间也会很长，不确定下次见面是什么时候。这些因素都造成了你会对这份情感产生强烈的失落感。

　　第二个因素是，自己的生活节奏被打乱了。这份深厚的友谊在日常生活中的体现是，你们同住一个小区，在一起上学，日常生活中你中有我，我中有你，原来的生活节奏中都是有铭铭存在的。人在生活习惯突然起变化，而新的习惯还没有养成的时间段，会感到不适应，情绪波动。因为人的本性是趋向安全稳定的，当这个安全稳定舒适的日常节奏突然有了大的改变，人多多少少对未来会产生一些焦虑情绪。在离别的伤感中增加了一份焦虑情绪，情绪波动会更加强烈。

　　第三个因素是，物是人非，容易伤怀。你的生活场景并没有太大变化，但场景中曾经认为的重要的人物发生了变化。比如上学放学的路上平时都是两个人有说有笑，突然只剩下自己单独一个人走在同样的路上，这个时候是非常容易触动个人情感记忆的。生活中出现了空白，而这个空白还没有填上。

但毕竟我们都需要成长，我们可以怎么做呢？

检察官妈妈的建议

人都是不断变化成长的，我们的知识、能力、见识，对世界的认识，对人的看法，都会随着年龄的增长而不断变化，和人建立的感情也会随着这些变化而变化。所以，我们需要接纳一个事实：我们的生活在不断变化之中，我们的情感也在不断变化之中，成长需要学习适应情感变化，这是我们成长的一部分。

第一，接纳自己的情感，和对方分享自己真实的离别情感。 离别常常让我们觉得伤感，这是一种情绪，而且我们通常也认为伤感是一种负面情绪，不习惯去表达自己的负面情绪，认为这是一种不太好的事情。其实，负面情绪也有积极意义，当我们为一个人离去而伤感时，正是提醒我们要珍惜当下，这就是伤感情绪的积极意义。

第二，珍惜当下，积极保持情感联络。 和好朋友分离让我们明白要彼此珍惜，好朋友之间可以保持网络联系，分享自己生活中的点滴，分享心得、图片，在不同区

域生活中的见闻等等。珍惜好朋友的情感，分享自己的生活就是最好的珍惜。在分享的过程中保持情感的温度，这些都有助于我们消化和分散伤感情绪。

第三，接纳自己的生活变化，积极适应新的生活节奏。从上学、放学等日常时间安排的变化开始适应，重新建立自己的生活规律。主动和其他同学朋友交流，特别是和之前共同的好朋友一起交流分享，分享会给我们带来好心情，会让我们觉得愉悦，也让我们更容易收获新的友谊。新友谊可以帮助我们更好地适应生活的新变化。

第四，接纳自己和原来好朋友因为物理空间距离会产生巨大差距变化的现实。环境对一个人的影响是非常大的，因为我们每个人都是在不断适应环境过程中成长变化的。你的好朋友会面对国外陌生的学习环境，会遇到新的老师、同学，很可能还会有时差的适应，等等，这些环境的巨大变化必然会带给好朋友本身巨大的变化。同时，你自己在国内生活的环境也不会是一成不变的，这些变化也必然会带来自己的成长变化。此变化和彼变化导致我们的差距会越来越大，所以我们需要有心理预期去接纳。

最后，我想说，友情是生活的一部分，真挚的友情值得我们珍惜。不断学习处理我们生活中的情感包括友情的变化，让我们处理情感的能力不断得到提升，是我们成长中的一项必修课。

意外受伤，如何度过休学的一年？

女孩的小心思

高二暑假我和同学外出游玩时不幸遭遇交通事故，偏偏我是受伤最重的那个，腿部粉碎性骨折，暂时需要坐轮椅，另外颈部受伤部位还需要固定。住院治疗一个月之后，医生建议我在家休息几个月。

马上就要升入高三了，遇到这种情况，实在是行了个"大运"！不得已，爸爸帮我去学校办理了休学手续，让我安心养伤，等养好伤之后再回学校。

颈部的伤逐步恢复之后，除了行动受限之外，也就没有其他什么了，但是天天这样在家里不能去学校，好像坐牢一样，太难受了。高考还得推迟一年，学习没有持续性，对考上理想大学也没有信心，我为此心烦意乱，忍不住对在家照顾我的妈妈发脾气，发完脾气又后悔，觉得自己不应该这样。我该怎么办？

第五章 怎么面对生活中的意外

突然遭遇交通意外，确实是一件不幸的事情。生活中发生一件意外事件，假如我们处理不当，会产生"涟漪效应"，进而影响到我们的其他生活。

"涟漪效应"本身是一种自然现象，用来描述一个事物造成的影响逐渐扩散的情形，类似于物体掉落水中，水面上产生涟漪渐渐扩大的情形。这个效应在经济学和社会学范畴有不同的应用和解释。在社会生活中，我们常常是指一件事情引起的其他连锁反应。

比如，你因遭遇交通意外受到伤害这一事件，随之引发住院治疗，因康复时间久而引发休学事件，休学后又出现学习跟不上需要延迟一年参加高考，由此焦虑考不上理想大学以及在家引发和妈妈相处矛盾等等一系列事情。当一个痛苦事件发生，也就是交通事故发生后，最开始发生的是连锁反应——需要送院治疗，但这个反应是单向的。而随后扩展的过程却像是水的涟漪，一圈一圈弥漫扩散开来，比如休学、焦虑学习、和母亲相处矛盾等等，这些都是由交通事故意外伤害事件引起的"涟漪效应"，而且这是一个负面的涟漪效应。

对于意外事件负面的涟漪效应，我们可以借鉴积极心理学的一些理论认知和方法来避免或减少。

积极心理学的基本原理是要活出爱的感受，活出有意义的生活，活出积极的向上的愉悦的感受，活出有用的感觉。

比如在遭遇交通事故受伤这件事情上，大部分的人都会认为自己遭遇到的是一个意外伤害，是一件不好的事情，也会认为是一件不幸或者倒霉的事情。但是换一个角度来思考，在这个事故中，自己只是受伤了，没有遭遇生命危险，是非常幸运的一件事，更加幸运的是，经过治疗，虽然康复时间需要长一点，却是能够完全康复的，这又可以说是一件非常幸运的事情。

在意外事件中找到积极方面的意义，自然会带给自己许多积极的情绪体验，比如感恩、满足、希望、快乐、爱等，这些积极情绪都是积极心理力量特别重要的源泉，可以让我们重新拓展和构建我们对事情的态度。当对一个意外事件有了不同的态度后，这个事件仍旧会产生"涟漪效应"，但这个"涟漪效应"就会朝着正向的积极的方向去发展了。

当我们明白这样一个心理机制后，在面对意外伤害事件时，我们应该怎么做，才可以把事件的"涟漪效应"尽可能导向正向和积极的方向呢？

检察官妈妈的建议

首先，接纳事件已经发生，接纳自己真实的感受，并不需要着急让自己把所有痛苦马上赶走。积极向上的情绪是我们拥有积极向上心理的源泉。而在遇到一件意外伤害事件后，相信一般人在这个时候很难觉得是快乐、愉悦的，身体涌上的痛苦感受让我们觉得难受是正常的反应，所以这个时候要接纳身体的感受，不要强迫自己一定要坚强。

积极向上并不是让我们假装平静、快乐、满足等，当我们遇到意外伤害事情时，负面情绪是一种能量，它会来，也会走，特别是一些激烈的负面情绪能量来到时，我们要允许自己以痛哭或者用其他方式释放，这样能够让自己更快平静下来。

其次，在不幸事件中寻找积极的侧面，并把它写下来。当我们写下"很庆幸我还活着""很幸运经过治疗我会完全康复"等这样积极的话语时，我们的身心就会处在一种感恩的状态，同时大脑会产生一种叫"催产素"和"血清素"的神经递质，会让我们感受到幸运和幸福，并让我们体验到感恩、爱、平静、希望。这些都是美好的积极的情绪，而美好积极的情绪又促使我们产生积极向上思考的模式，这就是一个正向趋向了，只等我们自己启动。

其三，重新拓展和构建我们生活中的资源。意外事件发生后，通常我们日常生活的惯性模式会被打破，而这个打破惯性的时刻其实就是我们重新拓展和构建我们所拥有的生理资源、社会资源、心理资源以及智力资源的好时机。

比如，病休让我们得到可以自由安排的一段时间，在日常必要康复练习之外，这段时间也是锻炼我们时间管理能力的好时机，在学习时间管理的同时，也锻炼了自己的其他能力，能够重组和拓展我们的生活。

意外表面看起来或许是一场危机，但危机也是改变的好时机，重点是我们采取什么样的心态去面对它。

④ 自从上次乘电梯发生事故后就不敢坐电梯了，怎么办？

女孩的小心思

有一次我坐电梯下楼玩，没想到电梯出现故障，突然间按键失灵，然后电梯快速上升到顶楼32楼，还没反应过来，又快速下降，电梯里的人都尖叫起来，等到电梯停下来后，电梯的灯也熄灭了。

电梯空间本来就很小，里面人很多并且黑乎乎的，大家都吓坏了，我浑身发抖，感觉自己好像有点尿裤子了，但不敢说。在电梯等待救援等了很久，小区物业和消防员才把我们救出来。

经历了这次电梯故障后，我就不敢坐电梯了，每天坚持自己走楼梯，爸爸笑我爬8楼正好锻炼身体，好几次我梦见自己在电梯里面，然后被吓醒了。爸爸安慰我，说电梯虽然有故障但是有保险装置的，不会直接掉下去的，不会危及生命安全。

后来事情慢慢淡了下来，和爸爸妈妈一起时我也敢坐电梯了，但是我发现自己到商场坐电梯就会觉得喘不过气来，到太封闭的空间也不自觉手心会出汗，越来越不想外出，特别是去人多的地方。

放假了，妈妈觉得我太宅不好，好几次让我陪她逛逛，但我都拒绝了。我该怎么办呢？

检察官妈妈写给女孩的安全书

一件应急事件发生后，即使事件已经处理完毕，仍旧对我们心理上会造成影响和创伤，在我们的大脑皮层留下记忆。对一些人来说，往往在事件过去很久之后，这种影响都还会在，不加以重视的话，可能会发展成为一种心理障碍——特定恐怖症。

顾名思义，特定恐怖症是指个体极端地害怕某个特定的物品、地方或者场所，即使这些特定的物品、地方或场所并没有个体所感受到的那么危险或者有害，并且个体在理智上可能也知道这些物品、地方或场所并没有那么危险或者有害，自己感受到的害怕已经超出了实际的危险，但还是难以平静下来。

患有特定恐怖症的人会在日常生活中刻意回避这类特定的物品、地方或场所，比如害怕乘坐飞机的，会在任何时候都尽可能不去选择乘坐飞机；害怕乘坐电梯的，也会尽可能回避乘坐电梯；害怕蛇的，可能看到塑料蛇玩具也会第一时间逃避；等等。

即使个体知道自己的害怕超出了实际的危险，还是会因此而改变一些生活习惯和日常安排，来回避身处害怕的场所或者靠近害怕的物品。在发生一次创伤性事件后，本身具有悲观负向的思维模式的人患上特定恐怖症的风险更高。

创伤事件发生后，会对我们的大脑产生危险性刺激。当我们

再面临同样的情境时，危险性刺激会直接作用于我们大脑的杏仁核，跳过我们理性思考这个环节，然后作用于丘脑，丘脑会马上下达恐怖应急命令到脑干，而脑干直接传递到身体四肢相连的神经，我们的身体会出现心跳加快、内脏收缩、身体出汗等，但我们又不能启动拔腿就跑的行为，然后身体就僵住了。

这些身体反应是因为大脑接收到了威胁性刺激，马上要做出保命的反应，可以说是我们的基因决定的，不用经过理性思维的反应过程。这样一个快速反应是大脑自动为了应对威胁性刺激，为了保命而发生的，不受我们的意识控制。

创伤性事件就这样在我们大脑记忆中留下一个反应的"脑回路"，所以创伤性事件即使已经过去了，但当我们大脑觉察到威胁性刺激事件的类似环境时，大脑对威胁性刺激的脑回路就会再次自动启动，身体反应（比如呼吸急促、手心出汗、身体僵硬等）也下意识随之出现，不受我们的意识控制。

身体出现这样非常不适的反应，人也就自然选择了回避的方式。但当回避的方式开始影响到我们的正常生活时，就需要我们面对自己的问题，寻找一些方法来改善了。

那我们可以怎么做呢？

检察官妈妈的建议

针对特定恐怖症最有效最常用的治疗方法是"暴露疗法"。"暴露疗法"是一种通过让个体直接与逃避的场景接触，而从产生"抗体"的治疗方法的统称，包括系统脱敏暴露疗法和满灌暴露疗法。

系统脱敏暴露疗法是循序渐进地让个体暴露于创伤情境中，然后采用一些方法放松和恢复身体状态，反复练习，最后对"心理过敏的物品、地方或场景"产生心理适应，这个过程叫作"系统脱敏"。

暴露疗法的另外一个方式是直接下猛药，让个体直接完全暴露在他最害怕的情境中，比如直接让他面对最害怕的物品，身处在最害怕的地方等等，然后让他感受到最后什么也没有发生，消除心底的焦虑和担心，从而达到不再害怕这样的情形的治疗效果，这种疗法叫作"满灌暴露疗法"。

我们可以借鉴暴露疗法的一些方法，不过在没有专业心理咨询师指导下，一般不提倡选满灌暴露疗法，以避免发生休克等极端身体反应，而首先可以尝试借鉴系统脱敏暴露疗法。对于回避坐电梯这件事，具体我们可以这样进行尝试：

第一，找到一个自己信赖并认为他（她）可以保护自己的人陪同。比如和爸爸一起坐一次电梯，可以控制在电梯行走五分钟以内，在电梯的这五分钟内，训练呼吸放松，直到身体的不适感减轻。

第二，在第一次训练暴露场景练习后，感受一下自己的身体感觉。 假如身体感觉到心跳加快、喘气、身体发抖，马上离开电梯，等身体恢复到正常状态后，再次进入电梯重复练习五分钟。一天在固定时间里练习几次，感受身体反应在减弱。一段时间内要反复坚持练习，直到在信赖的人陪伴下能够正常乘坐电梯。

第三，尝试独自一个人乘坐电梯，可以练习放松长呼吸，让信任的人在电梯外面等候。同样反复刻意练习，直到独自坐电梯时，身体反应逐步减轻直到消失。

这样一个循序渐进的系统脱敏过程相对比较安全，可以在家人的帮助下自行尝试。假如因故无法坚持，必要的时候，寻求专业心理咨询师的帮助，在心理咨询师的帮助下完成系统脱敏，恢复正常生活。

最爱自己的奶奶病逝，该怎么告别？

女孩的小心思

爸爸妈妈因为工作忙，很少陪我，从小我和奶奶一起生活。奶奶最疼我，什么好吃的都要留给我，读完小学，需要离开老家上中学，我才和奶奶分开。

近年来奶奶身体慢慢不太好，爸爸想让奶奶搬来和我们同住，但奶奶说自己在老家住惯了，不愿意搬到城里。

我马上要初中毕业考试了，学习越来越紧张，也没空回老家探望奶奶，心想着等考完试过暑假时回去陪她住一段时间。然而考完试后，爸爸告诉我奶奶早在两个星期前已经去世了，说是奶奶临去世前特意交代不要告诉我的，怕影响我考试发挥。

我都不敢相信这个消息是真的，最爱我的奶奶离世了，而我居然没能看她最后一眼，心里特别难以接受。爸爸带我回去老家在奶奶的遗像前上了香，我痛哭不已，回到家后，我把自己关在房里，不愿出门。

爸爸妈妈安慰我，说奶奶走的时候很安详，让我不要太难过，希望我做一个坚强的人，但我还是为没有看到奶奶最后一眼而难过。时间过得很快，我马上要去新学校读高中了。我知道自己需要调整精神状态，但是该如何坚强起来呢？

检察官妈妈写给女孩的安全书

 心理健康

| 第五章 | 怎么面对生活中的意外

当我们在乎的亲人离世后，意味着我们永远失去了这个亲人，也失去了和这个亲人很深的情感联结，会感到深深的孤独和哀伤，而这种哀伤足以让人痛彻心骨。

当这个亲人还在世的时候，我们和这个亲人有联结有情感，这种联结和情感让我们觉得活着是有意义和有价值的。但是当意识到她或他再也回不来了，我们会深深感到失去了一个重要联结，感到孤独。从这个意义上来说，哀伤情感的核心情绪之一就是孤独。

另外，失去某个在乎的亲人之后，在孤独的背后是恐惧。恐惧感有弱有强，但一个我们在乎的亲人离世后，我们自然会觉得人生无常，生命脆弱，对未来和自己的生活都会有恐惧的心理。同时我们也会更深切地感受到死亡离自己这么近，近到可以夺走自己身边的人。这种对死亡的恐惧是人类共通的情感。而且这份恐惧对于一个十几岁的孩子来说影响更加深刻，有时也很难找他人倾诉或分担，所以哀伤情感的第二个核心情绪是恐惧。

在孤独和恐惧的情绪中，我们感到痛彻心扉，这样的时候，不需要我们做一个坚强的人，允许自己痛哭和脆弱，这才是自然的表现。我们痛哭，我们脆弱，并不是我们不坚强，也不是不勇敢，而是因为我们是有情有义的人，我们舍不得亲人离开。

无须强迫自己坚强，哀伤的过程是一个自然疗愈的过程，虽然这个过程不容易，但我们也可以在这个疗愈的过程中看到哀伤对生命的积极意义。

我们在乎的亲人离世，这份哀伤是深刻的，但在消化这份哀伤的过程中，我们可以去更加深刻地理解生命的意义，促进我们的成长。

哀伤的过程或许会很漫长，当我们处于哀伤之中时，身边爱我们的人比如爸爸妈妈，可能会希望我们不要那么哀伤，他们虽然爱我们，也愿意帮助我们分担这部分哀伤。但是这份哀伤的来源是我们和离世亲人之间情感联结的断裂，其他爱我们的人即使想分担也是无法分担的。

> 既然这份哀伤只能是属于自己的，需要我们独自承担，那么在独自承担的过程中，我们可以做些什么来转化自己的哀伤，培养出属于自己的勇气和力量呢？

| 第五章 | 怎么面对生活中的意外

检察官妈妈的建议

首先，我们可以通过适用的仪式来哀悼离世的亲人。哀伤需要表达，我们对离世亲人的情感需要表达，与离世亲人告别的一些仪式不是迷信，是我们寄托哀思的一种方式，是转换一种方式和离世亲人进行联结，这种联结是我们的情感。

电影《寻梦环游记》里面传递了一个关于亲人离世的理念：死亡不是生命的终点，遗忘才是。真正的死亡是世界上再也没有一个人记得你。也许我们无力阻挡时间的流逝，我们也必将会与家人或爱人生死相隔，但死并非生的对立面，而是作为生的一部分永存，我们的记忆便是对亲情的延续。在这里，我想说，哀悼的过程其实就是把亲人以另外一种形式留在我们的记忆里，以多种仪式来纪念离世的亲人，可以有效消化我们的哀伤。

其次，我们需要和活着的人以及现实世界重新联结。哀伤的另外一个积极意义是让我们珍惜当下，珍惜现在我们拥有的人；让我们重新整理自己的生命，懂得珍惜我们身边活着的、在乎的人。

现实生活中爱我们的人在我们身边，虽然哀伤需要自己面对，但不

需要一个人全部扛下,和家人一起来面对我们共同的哀伤,其实就是和现实世界重新联结的一种方式。一起来举办仪式纪念离世亲人,共同参与到哀悼中来,在纪念离世亲人的同时,和活着的亲人重建联结,让情感流动起来。

再次,我们要从离世亲人的期待中寻找我们面对生活的勇气和力量,相信这份期待也是我们重新上路的动力源泉。

我们需要开启属于自己的幸福旅程,相信这也是离世亲人所期望的。同时当我们获得一些成就和幸福时,我们可以把这份成就和幸福通过一种仪式告诉离世的亲人,以这样的方式和他们进行联结。

最后,我想说,哀伤的过程虽然是一种自然疗愈的过程,但当我们感觉无法承受这么强烈的情感冲击时,寻找专业的心理帮助是一个好的选择。

祝女孩们都安全快乐成长

当"检察官"和"妈妈"这个两个词连起来后,作为女儿,你们可以想象我的成长经历该多么"刺激"。

记得上小学时,同学们的读物大多是完美的童话故事,女孩们都沉浸在如童话般美好的世界里,并对这个真实世界充满美好的想象和无限的期待。而我的检察官妈妈,却会同我绘声绘色地讲述她办理过的刑事案件——女孩被强暴,小朋友被拐卖等,而且都还很"真实、刺激"。对于当时的我来说,并没有能力捕捉到所有信息并判断它们是否正确。

我记得妈妈在她的第一本新书《因为女孩,更要补上这一课》的序言有句话:"作为一名检察官和一位妈妈,育儿过程中有关性教育的话题肯定少不了,我自己也踩过不少坑,同时,也吸取了不少经验教训。"

妈妈没有说假话,因为我就是那个掉在"坑"里的女儿,妈妈也是在"可怜的我"身上汲取的经验教训。小学三年级暑假,我写了下面这样一篇日记,也算是检察官妈妈教育的"成果"之一吧。

妈妈让我去扔垃圾,我想:"万一下面有一个卖小孩的怎么办?或者更 cǎn,被 wā 掉眼睛,被放进一个麻袋里丢进河里 yān 死。那些小孩都是因为自己出门而 yù 难的,我可不要像他们一样。"我看到 lóu 梯旁有好多垃圾,suí 手一扔就走了。虽然很不好,但是我活着回来就很好了。

那时的我认为,身为女孩子就是不安全的,小孩子一个人出门是会被拐卖的。从那时起,我对这个现实世界的防备心便会比同龄人多出一分。或许就是因为多出的这一分防备,而避免了伤害,但也因为对外部世界保持着高度的警惕,某种

— 181 —

意义上来说也缺失了一些对这个世界美好的向往。

不过好在我妈妈也是一位很会补坑的检察官，她曾自嘲是"补坑专家"，也幸亏妈妈后来成为"专家"，把我从"坑"里捞出来了。

在后来青春期的成长过程中，不同于平常家长日益增长的焦虑，妈妈更多的是跟我讲述这个世界所存在的美好，不断告诉我这世界并没有我想象的那么危险，试图唤起我对这个世界的憧憬。

她跟我说，这世界上不是每个人都是坏人，也是有很多好人存在的。在女孩十几岁的年龄，妈妈不可能永远在身边，假如遇到一些危险，女孩更应该学习如何辨别和做出正确判断，也就是要培养自己的自我保护能力。

随着我所经历和所知的事情越来越多，开始重新思考妈妈的教育，我也开始张开双臂，主动拥抱世界的美好。

如今我已经成长为一名大学生，在离家一千多公里的地方上学，妈妈也很放心。我可以自信地说，通过成长我具备了自我保护能力。

妈妈的"挖坑补坑"教育，路途坎坷，并不是我说得那么顺利，不过好在最终让我长出一双坚实的"翅膀"，能正确判断危险，拥有自我保护的勇气和能力。我可以自信地说，针对不同的情况，我可以做到明辨是非，不人云亦云，拥有自己的判断力。

这套书的内容是妈妈在教育我的过程中不断反思、不断完善从而提炼出来的，理所当然，我也成了这套书的第一位读者。书中的内容并不完全等同于我妈对我的教育，但她所想表达的内涵却是一致的。

从我的角度来说，妈妈教给我的知识是终身都可以受用的，也有点羡慕可以阅读到这套书的女孩们，这是检察官妈妈成为"补坑专家"之后的经验总结，你们可以通过阅读直接"避坑"了。

我相信这套书会帮助到更多即将进入或正处于青春期的女孩们，帮助大家学会在面对危险时有效保护自己，锻炼出属于自己的内在自我保护能力。

敖俪穆
2024 年 5 月 18 日